高等院校
电子信息应用型
规划教材

DSP原理及应用实例

（TMS320F28335）

苗敬利　主　编

耿　华　王艳芬　王书强　副主编

清华大学出版社
北　京

内 容 简 介

本书以 TMS320F28335 芯片为例,系统介绍了 DSP 控制器的结构原理、中断系统及应用、GPIO 通用输入输出寄存器、增强型脉宽调制模块、捕获模块、ADC 转换模块、增强型 CAN 控制器、无刷直流电动机控制。每章都结合应用实例,配有思考题。

本书可作为自动化、电气工程及其自动化、机电一体化等专业的本科生和研究生相关课程的教材,也可作为电力电子产品和数字信号处理器应用开发人员的参考用书。

图书在版编目(CIP)数据

DSP 原理及应用实例:TMS320F28335/苗敬利主编.—北京:清华大学出版社,2020.1(2024.8重印)
高等院校电子信息应用型规划教材
ISBN 978-7-302-52232-4

Ⅰ.①D… Ⅱ.①苗… Ⅲ.①数字信号处理 Ⅳ.①TN911.72

中国版本图书馆 CIP 数据核字(2019)第 018384 号

责任编辑:刘翰鹏
封面设计:傅瑞学
责任校对:李　梅
责任印制:刘　菲

出版发行:清华大学出版社
  网   址:https://www.tup.com.cn,https://www.wqxuetang.com
  地   址:北京清华大学学研大厦 A 座   邮 编:100084
  社 总 机:010-83470000   邮 购:010-62786544
  投稿与读者服务:010-62776969,c-service@tup.tsinghua.edu.cn
  质量反馈:010-62772015,zhiliang@tup.tsinghua.edu.cn
  课件下载:https://www.tup.com.cn,010-83470410
印 装 者:三河市少明印务有限公司
经 销:全国新华书店
开 本:185mm×260mm 印 张:12.5   字 数:282 千字
版 次:2020 年 1 月第 1 版   印 次:2024 年 8 月第 6 次印刷
定 价:39.00 元

产品编号:078716-01

PREFACE

前言

　　DSP(数字信号处理器)是一种特别适合进行数字信号处理运算的微处理器,其主要应用是实时快速地实现各种数字信号处理。作为规模较大的 DSP 供应生产商,TI 生产的 TMS320 系列以强大的控制、处理信号能力和高性价比的优势以及相对易开发的特点,具有极高的市场占有率。TMS320F28335 是 TMS320 系列中一款用于控制的高性能、多功能、高性价比的 32 位浮点 DSP。它整合了 DSP 和微控制器的较佳特性,片内集成了 A/D 转换模块、SCI 通信接口、SPI 外设接口、eCAN 总线通信模块、看门狗电路、通用数字 I/O 接口、多通道缓冲串口、外部中断接口等多种功能模块,为用户采用单芯片实现高性能控制系统的设计提供了解决方案。目前,TMS320F28335 越来越多地应用于电动机控制、多轴运动控制、机器人控制、数字电源、汽车电子及通信设备中。

　　本书是在严格参考 TI 数据手册的基础上,结合作者近几年从事 DSP 教学和科研工作的实践经验,以及自身学习过程中曾经遇到的问题编写而成。本书以 TMS320F28335 DSP 的应用为主线,详细介绍了 DSP 芯片的硬件结构、外设模块的工作原理,在介绍各个外设功能模块的同时,提供了相应的应用实例和详细的 C 语言程序,以便读者更好地理解外设模块的工作原理,并快速掌握其应用方法。本书注重培养读者解决实际问题的能力。

　　本书未局限于特定的目标开发板,目前市场上 F28335 开发板虽然种类繁多,但都有典型的接口,本书的应用实例均基于典型的接口。

　　本书由苗敬利担任主编,耿华、王艳芬、王书强担任副主编。

　　由于编者水平有限,虽然尽力完善,书中仍难免存在不足之处,恳请大家批评、指正。

编　者

2019 年 8 月

CONTENTS

目 录

CHAPTER 1

第 1 章

绪　　论

1.1　DSP 芯片简介

DSP 是 Digital Signal Processing 的缩写,同时也是 Digital Signal Processor 的缩写。前者是指数字信号处理技术,后者是指数字信号处理器。在本书中,DSP 是指数字信号处理器。DSP 数字信号处理器是一种专门用于数字信号处理的片上计算机系统。微处理器的发展经历了单板计算机、单片计算机的历程,DSP 则是一种高性能的片上计算机系统。它除了利用大量的新技术、新结构大幅度地改善芯片性能外,还把内存、接口、外设等集成在一块芯片上,成为一个功能强大的微处理器。DSP 处理信号的方式如图 1-1 所示。

图 1-1　DSP 信号处理的主要过程

芯片的结构设计必须采用各种有效措施加快执行信号处理的速度。

1.1.1　DSP 的功能和特点

虽然应用于不同领域的 DSP 有不同的型号,但其内部结构大同小异,都具有哈佛(Harvard)结构的特征。DSP 包括处理器内核、指令缓冲器、数据存储器和程序存储器、I/O 接口控制器、程序地址总线和程序数据总线、直接读取的地址总线和数据总线等单元,其中,最核心的是处理器内核。数字信号处理器有以下特点。

(1) 哈佛总线结构。DSP 采用哈佛总线结构。程序与数据空间分开,分别有各自的地址总线和数据总线。取指令和读取数据操作可以同时进行,极大地提高了指令执行速度。TMS320F28x DSP 采用改进的哈佛总线结构,内有内存总线和外设总线两种,此外还允许数据存放在程序存储器中,被算术运算指令直接使用。

(2) 流水线技术。采用流水线操作,每条指令的执行划分为取指令、译码、取数和执行等步骤,由片内多个功能单元分别完成,支持任务的并行处理。在一个指令周期内实现一次或多次乘法累加(MAC)运算。

(3) 设置硬件乘法器。TMS320F28x DSP 设置了硬件乘法器,能够在单周期内完成 32 位×32 位的乘法运算,或双 16 位×16 位的乘法运算,使乘法运算的速度大大提高。

(4) 独立的 DMA 总线和控制器。DSP 内有独立的 DMA 控制逻辑,配合多总线结构,大大提高了数据的吞吐能力,为高速数据交换和数字信号处理提供了保障。

(5) 支持重复运算。DSP 支持重复运算,避免循环操作消耗太多时间。

(6) 提供多个接口。DSP 提供多个串行或并行 I/O 接口,以及一些具有特殊功能的接口来完成特殊的数据处理或控制,从而提高了系统的性能且降低了成本。

1.1.2　TI 公司典型 DSP 产品

目前,DSP 芯片市场的主要生产公司为:TI 公司、Freescale(Motorola)公司、Agere (Lucent)公司和 AD 公司。本书主要介绍 TI 公司的产品。

TI 公司现在主推 C2000、C5000、C6000 和 OMAP 四大系列的 DSP。

1. C2000 系列(C20x、F20x、C24x、C28x)

C2000 系列是一个控制器系列,该系列芯片除了有 DSP 内核以外,还具有大量外设资源,如 A/D、定时器、各种串口(同步和异步)、看门狗(Watch Dog)、CAN 总线/PWM 发生器、数字 I/O 等。它是针对控制应用优化的 DSP,在 TI 所有的 DSP 产品中,只有 C2000 有 Flash,也只有该系列有异步串口可以和 PC 的 UART 相连。

TI 公司最早推出的 16 位定点 C2xx 系列获得了巨大的成功。1996 年,TI 公司又推出了第一款带有 Flash 的 DSP。随后 TI 公司在 C24xx 系列的基础上又推出了 F/C281x 系列。为了适应市场的专业化需求,TI 公司又推出了 Piccolo F280xx 系列,TMS320F28335 DSP 作为新推出的浮点型数字信号处理器,在已有的 DSP 平台上增加了浮点运算内核,在保持了原来数字信号处理器性能的基础上,能够更高效地执行复杂的浮点运算,极大地简化了开发过程,对控制应用的平均处理能力提高了近 50%。它可用在对处理速度、处理精度等方面要求较高的领域,比其他处理器有着更高的性价比。

C2000 系列 DSP 专为实时控制应用而设计,主要应用于自动控制领域,提供数字控制优化的 DSP 解决方案系统和电动机控制应用,包括 AC 感应、直流无刷、永磁同步和开关磁阻。C2000 系列又可具体分为 Concerto 系列、Delfino 系列、Piccolo 系列、24 位×16 位系列和 28 位×32 位系列。

2. C5000 系列(C54x、C54xx、C55xx)

C5000 系列的主要特点是低功耗,适合用于个人与便携式上网以及无线通信应用,如手机、PDA、GPS 等。处理速度在 80～400MIPS 之间。C54xx 和 C55xx 一般只具有 McBSP 同步串口、HPI 并行接口、定时器、DMA 等外设。值得注意的是,C55xx 提供了 EMIF 外部存储器扩展接口,可以直接使用 SDRAM,而 C54xx 则不能直接使用

SDRAM。两个系列的数字 I/O 都只有两条。

该系列的 DSP 主要应用于复杂算法、语音处理等领域。

3. C6000 系列（C62xx、C67xx、C64x）

C6000 系列以高性能著称，最适合宽带网络和数字影像领域的应用。其中，C62xx 和 C64x 是定点系列，C67xx 是浮点系列。该系列提供 EMIF 扩展存储器接口。该系列只提供 BGA 封装，只能制作多层 PCB，且功耗较大。同为浮点系列的 C3x 中的 VC33 现在虽然不是主流产品，但也仍在广泛使用，其缺点是处理速度较低，最高仅为 150MIPS。

4. OMAP 系列

OMAP 处理器集成 ARM 的指令及控制功能，另外还提供 DSP 的低功耗实时信号处理能力，最适合移动上网设备和多媒体家电。

1.1.3　TMS320F28x 系列概述

1. C28x

C28x 是 C24x 的升级系列，具有 32 位内核，工作频率为 150MHz。片内不但具有 16 通道 12 位的 ADC 接口，还配备了 PWM 输出及正交编码和事件捕捉输入等电动机控制接口，从而具备方便、灵活的控制组态能力，专门用于电动机控制等工业领域。典型芯片是 TMS320F2812。

2. Piccolo

Piccolo（短笛）是在 C28x 的基础上，采用新型架构和增强型外设，为实时控制应用提供了低成本、小封装的选择。该系列芯片有控制率加速器（CLA）、Viterbi 复杂算术单元（VCU）及 LIN 总线等多项配置。典型芯片是 TMS320F28069。

3. Delfino

Delfino（海豚）是指 F2833x 和 F2834x 系列。Delfino 将工作频率高达 300MHz 的 C28x 内核与浮点性能相结合，可以满足对实时性要求极为苛刻的应用。采用 Delfino 芯片可以降低系统成本，提高系统可靠性，并极大地提升了控制系统的性能。典型芯片是 TMS320F28335。

1.2　TMS320F2833x 简介

1.2.1　芯片的封装

F2833x 有多种封装，176 引脚 PGF/PTP 薄形扁平四方封装 LQFP 的引脚分配如图 1-2 所示。

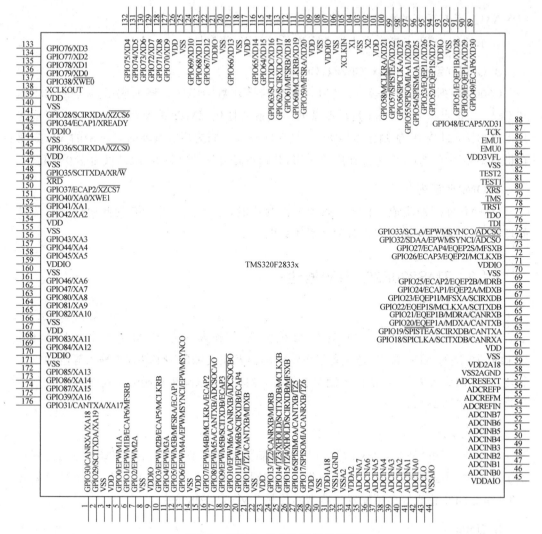

图 1-2　F2833x 的 176 引脚封装图

1.2.2　芯片的引脚功能

　　TMS320F2833x 176 引脚的说明见表 1-1～表 1-6。GPIO 引脚都可配置为 3 种状态 (I/O/Z),内部有一个上拉电阻,可以选择性地启用或禁止。其中,GPIO0～GPIO11 引脚上的上拉电阻在复位时并不启用,其余 GPIO 引脚的上拉电阻在复位时启用。

表 1-1　F28335 引脚说明——Flash

名　　称	引脚编号			说　　明
	PGF/PTP	ZHH/BALL	ZJZ/BZLL	
VDD3VFL	84	M11	L9	Flash 内核电源引脚,3.3V,该引脚应一直连接在 3.3V 电源上
TEST1	81	K10	M7	测试引脚。为 T1 预留,使用时必须悬空(I/O)
TEST2	82	P11	L7	测试引脚。为 T1 预留,使用时必须悬空(I/O)

表 1-2　F28335 引脚说明——时钟

名　称	引脚编号			说　明
	PGF/PTP	ZHH/BALL	ZJZ/BZLL	
XCLKOUT	138	C11	A10	时钟输出来自 SYSCLKOUT。XCLKOUT 与 SYSCLKOUT 的频率可以相等,也可以为其 1/2 或 1/4,这是由 XTIMCLK[18:16]和在 XINTCNF2 寄存器中的位 2(CLKMODE)控制的。复位时,XCLKOUT＝SYSCLKOUT/4。通过将 XINTCNF2[CLKOFF]设定为 1, XCLKOUT 信号被关闭。与其他 GPIO 引脚不同,复位时,XCLKOUT 不在高阻态(O/Z, 8mA 驱动)
XCLKIN	105	J14	G13	外部振荡器输入。该引脚从外部 3.3V 振荡器获得时钟信号。在此种情况下 X1 引脚要接 GND。如果采用内部晶振/谐振器(或外部 1.9V 振荡器)提供时钟信号时,该引脚必须接 GND
X1	104	J13	G14	内部/外部振荡器输入。采用内部振荡器时,在 X1 和 X2 之间要接一个石英晶体或者陶瓷谐振器。引脚 X1 可为标准的 1.9V 内核数字电源。一个 1.9V 外部振荡器可与 X1 引脚相连,此时 XCLKIN 引脚必须接地。如果是 3.3V 的外部振荡器与 XCLKIN 相连,X1 引脚必须接地
X2	102	J11	H14	内部振荡器输出,在 X1 与 X2 之间要接一个石英晶体或者陶瓷谐振器。当不用 X2 引脚时,该脚悬空

表 1-3　F28335 引脚说明——复位

名　称	引脚编号			说　明
	PGF/PTP	ZHH/BALL	ZHH/BZLL	
$\overline{\text{XRS}}$	80	L10	M13	复位脚(输入)和看门狗复位(输出) 复位脚,该引脚使器件复位终止运行。PC 指针指向地址 0x3FFFC0。当该引脚为高电平时,程序从 PC 所指的位置运行。当看门狗复位时,该引脚为低电平。看门狗将持续 512 个 OSCCLK 周期,该引脚的输出缓冲器为带有内部上拉电阻的开漏缓冲器,建议该引脚由开漏驱动器驱动

表 1-4　F28335 引脚说明——ADC 信号

名　称	引脚编号			说　明
	PGF/PTP	ZHH/BALL	ZJZ/BZLL	
ADCINA7	35	K4	K1	模/数转换器组 A 的 8 通道模拟输入（I）
ADCINA6	36	J5	K2	
ADCINA5	37	L1	L1	
ADCINA4	38	L2	L2	
ADCINA3	39	L3	L3	
ADCINA2	40	M1	M1	
ADCINA1	41	N1	M2	
ADCINA0	42	M3	M3	
ADCINB7	53	K5	N6	模/数转换器组 B 的 8 通道模拟输入（I）
ADCINB6	52	P4	M6	
ADCINB5	51	N4	N5	
ADCINB4	50	M4	M5	
ADCINB3	49	L4	N4	
ADCINB2	48	P3	M4	
ADCINB1	47	N3	N3	
ADCINB0	46	P2	P3	
ADCLO	43	M2	N2	模拟输入的公共地，接到模拟地（I）
ADCRESEXT	57	M5	P6	ADC 外部偏置电阻，接 22kΩ 电阻到模拟地
ADCREFIN	54	L5	P7	外部参考输入（I）
ADCREFP	56	P5	P5	ADC 参考电压正极输出。需要在该引脚和模拟地之间接一个低 ESR（等效串联电阻，50mΩ～1.5Ω）的 2.2μF 陶瓷旁路电容
ADCREFM	55	N5	P4	ADC 参考电压中间输出。需要在该引脚和模拟地之间接一个低 ESR（等效串联电阻，50mΩ～1.5Ω）的 2.2μF 陶瓷旁路电容

表 1-5　F28335 引脚说明——CPU 和输入/输出电源引脚

名　称	引脚编号			说　明
	PGF/PTP	ZHH/BALL	ZJZ/BZLL	
VDDA2	34	K2	K4	ADC 模拟电源
VSSA2	33	K3	P1	ADC 模拟地
VDDAIO	45	N2	L5	模拟 I/O 电源
VSSAIO	44	P1	N1	模拟 I/O 地
VDD1A18	31	J4	K3	ADC 模拟电源
VSS1AGND	32	K1	L4	ADC 模拟地
VDD2A18	59	M6	L6	ADC 模拟电源
VSS2AGND	58	K6	P2	ADC 模拟地

续表

名　　称	引脚编号			说　　明
	PGF/PTP	ZHH/BALL	ZJZ/BZLL	
VDD	4	B1	D4	
VDD	15	B5	D5	
VDD	23	B11	D8	
VDD	29	C8	D9	
VDD	61	D13	E11	
VDD	101	E9	F4	
VDD	109	F3	F11	CPU 和逻辑数字电源引脚
VDD	117	F13	H4	
VDD	126	H1	J4	
VDD	139	H12	J11	
VDD	146	J2	K11	
VDD	154	K14	L8	
VDD	167	N6	—	
VDDIO	9	A4	A13	
VDDIO	71	B10	B1	
VDDIO	93	E7	D7	
VDDIO	107	E12	D11	
VDDIO	121	F5	E4	I/O 数字电源引脚
VDDIO	143	L8	G4	
VDDIO	159	H11	G11	
VDDIO	170	N14	L10	
VDDIO	—	—	N14	
VSS	3	A5	A1	
VSS	8	A10	A2	
VSS	14	A11	A14	
VSS	22	B4	B14	
VSS	30	C3	F6	
VSS	60	C7	F7	
VSS	70	C9	F8	
VSS	83	D1	F9	
VSS	92	D6	G6	
VSS	103	D14	G7	
VSS	106	E8	G8	
VSS	108	E14	G9	
VSS	118	F4	H6	数字接地引脚
VSS	120	F12	H7	
VSS	125	G1	H8	
VSS	140	H10	H9	
VSS	144	H13	J6	
VSS	147	J3	J7	
VSS	155	J10	J8	
VSS	160	J12	J9	
VSS	166	M12	P13	
VSS	171	N10	P14	
VSS	—	N11	—	
VSS	—	P6	—	
VSS	—	P8	—	

表 1-6　F28335 引脚说明——GPIOA 和外设信号

名　称	引脚编号			说　明
	PGF/PTP	ZHH/BALL	ZJZ/BZLL	
GPIO0 EPWM1A	5	C1	D1	通用 I/O 引脚 0(I/O/Z) 增强型 PWM1 输出 A 通道和 HRPWM 通道(O)
GPIO1 EPWM1B ECAP6 MFSRB	6	D3	D2	通用 I/O 引脚 0(I/O/Z) 增强型 PWM1 输出 B 通道(O) 增强型捕获 I/O 口 6(I/O) 多通道缓冲串口 B(MCBSP-B)的接收帧同步(I/O)
GPIO2 EPWM2A	7	D2	D3	通用 I/O 引脚 2(I/O/Z) 增强型 PWM2 输出 A 通道和 HRPWM 通道(O)
GPIO3 EPWM2B ECAP5 MCLKRB	10	E4	E1	通用 I/O 引脚 3(I/O/Z) 增强型 PWM2 输出 B 通道(O) 增强型捕获 I/O 口 5(I/O) 多通道缓冲串口 B(MCBSP-B)的接收时钟(I/O)
GPIO4 EPWM3A	11	E2	E2	通用 I/O 引脚 4(I/O/Z) 增强型 PWM3 输出 A 通道和 HRPWM 通道(O)
GPIO5 EPWM3B MFSRA ECAP1	12	E3	E3	通用 I/O 引脚 5(I/O/Z) 增强型 PWM3 输出 B 通道(O) 多通道缓冲串口 A(MCBSP-A)的同步接收帧(I/O) 增强型捕获 I/O 口 1(I/O)
GPIO6 EPWM4A EPWMSYNCI EPWMSYNCO	13	E1	F1	通用 I/O 引脚 6(I/O/Z) 增强型 PWM4 输出 A 通道和 HRPWM 通道(O) 外部的 ePWM 同步脉冲输入(I) 外部的 ePWM 同步脉冲输出(O)
GPIO7 EPWM4B MCLKRA ECAP2	16	F2	F2	通用 I/O 引脚 7(I/O/Z) 增强型 PWM4 输出 B 通道(O) 多通道缓冲串口 A(MCBSP-A)的接收时钟(I/O) 增强型捕获 I/O 口 2(I/O)
GPIO8 EPWM5A CANTXB ADCSOCAO	17	F1	F3	通用 I/O 引脚 6(I/O/Z) 增强型 PWM4 输出 A 通道和 HRPWM 通道(O) 增强型 CAN-B 发射端口(O) ADC 转换启动 A(O)

续表

名　　称	引脚编号			说　　明
	PGF/PTP	ZHH/BALL	ZJZ/BZLL	
GPIO9 EPWM5B SCITXDB ECAP3	18	G5	G1	通用 I/O 引脚 9(I/O/Z) 增强型 PWM5 输出 B 通道（O） SCI-B 发送数据（O） 增强型捕获 I/O 口 3(I/O)
GPIO10 EPWM6A CANRXB $\overline{ADCSOCBO}$	19	G4	G2	通用 I/O 引脚 10(I/O/Z) 增强型 PWM6 输出 A 通道和 HRPWM 通道（O） 增强型 CAN-B 接收端口（O） ADC 转换启动 B(O)
GPIO11 EPWM6B SCIRXDB ECAP4	20	G2	G3	通用 I/O 引脚 11(I/O/Z) 增强型 PWM6 输出 B 通道（O） SCI-B 接收数据（O） 增强型捕获 I/O 口 4(I/O)
GPIO12 $\overline{TZ1}$ CANTXB MDXB	21	G3	H1	通用 I/O 引脚 12(I/O/Z) PWM 联锁错误触发输入 1 增强型 CAN-B 发送端口（O） 多通道缓冲串口 B(MCBSP-B)发送串行数据（O）
GPIO13 $\overline{TZ2}$ CANRXB MDXB	24	H3	H2	通用 I/O 引脚 14(I/O/Z) PWM 联锁错误触发输入 2 增强型 CAN-B 接收端口（O） 多通道缓冲串口 B(MCBSP-B)接收串行数据（O）
GPIO14 $\overline{TZ3}/\overline{XHOLD}$ SCITXDB MCLKXB	25	H2	H3	通用 I/O 引脚 14(I/O/Z) PWM 联锁错误触发 3 或者 XHOLD 外部保持请求。当 XINTF 响应请求时，若该引脚呈现低电平，请求 XINTF 释放外部总线，并把所有的总线和选通端置为高阻抗。在当前操作完成后总线被释放，XINTF 不再有其他操作(I) SCI-B 发送端口（O） 多通道缓冲串口 B 发送时钟（I/O）
GPIO15 $\overline{TZ4}/\overline{XHOLD}$ SCIRXDB MFSXB	26	H4	J1	通用 I/O 引脚 15(I/O/Z) PWM 联锁错误触发 4 或者 XHOLD 外部保持应答信号(I/O) SCI-B 接收端口（O） 多通道缓冲串口 B 接收帧同步（I/O）

续表

名　称	引脚编号			说　明
	PGF/PTP	ZHH/BALL	ZJZ/BZLL	
GPIO16 SPISIMOA CANTXB $\overline{TZ5}$	27	H5	J2	通用 I/O 引脚 16(I/O/Z) SPI 主输出、辅输入(I/O) 增强型 CAN-B 发射端口 5(I) PWM 联锁错误触发 5
GPIO17 SPISOMIA CANRXB $\overline{TZ6}$	28	J1	J3	通用 I/O 引脚 17(I/O/Z) SPI 主输入、辅输出(I/O) 增强型 CAN-B 接收端口 6(I) PWM 联锁错误触发 6
GPIO18 SPICLKA SCITXDB CANRXA	62	L6	N8	通用 I/O 引脚 18(I/O/Z) SPI-A 时钟输入、输出(I/O) SCI-B 发射端口(O) 增强型 CAN-A 接收(I)
GPIO19 $\overline{SPISTEA}$ SCIRXDB CANTXA	63	K7	M8	通用 I/O 引脚 19(I/O/Z) SPI-A 辅助发送端口,使能输入/输出(I/O) SCI-B 接收端口(O) 增强型 CAN-A 发射端口(I)
GPIO20 EQEP1A MDXA CANTXB	64	L7	P9	通用 I/O 引脚 20(I/O/Z) 增强型 QEP1 输入 A 通道(I) 多通道缓冲串口 A(MCBSP-A)发送串行数据(O) 增强型 CAN-B 发送端口(O)
GPIO21 EQEP1B MDRA CANRXB	65	P7	N9	通用 I/O 引脚 21(I/O/Z) 增强型 QEP1 输入 B 通道(I) 多通道缓冲串口 A(MCBSP-A)接收串行数据(O) 增强型 CAN-B 接收端口(O)
GPIO22 EQEP1S MCLKXA SCITXDB	66	N7	M9	通用 I/O 引脚 22(I/O/Z) 增强型 QEP1 选通(I/O) 多通道缓冲串口 A(MCBSP-A)发送时钟信号(I/O) SCI-B 发送端口(O)
GPIO23 EQEP1I MFSXA SCIRXDB	67	M7	P10	通用 I/O 引脚 23(I/O/Z) 增强型 QEP1 索引(I/O) 多通道缓冲串口 A(MCBSP-A)发射帧同步(I/O) SCI-B 接收端口(O)
GPIO24 ECAP1 EQEP2A MDXB	68	M8	N10	通用 I/O 引脚 24(I/O/Z) 增强型捕捉端口 1(I/O) 增强型 QEP2 输入 A 通道(I) 多通道缓冲串口 A(MCBSP-B)发送串行数据(O)

续表

名 称	引脚编号			说 明
	PGF/PTP	ZHH/BALL	ZJZ/BZLL	
GPIO25 ECAP2 EQEP2B MDRB	69	N8	M10	通用 I/O 引脚 25(I/O/Z) 增强型捕捉端口 2(I/O) 增强型 QEP2 输入 B 通道（I） 多通道缓冲串口 B(MCBSP-B)接收串行数据(O)
GPIO26 ECAP3 EQEP2I MCLKXB	72	K8	P11	通用 I/O 引脚 26(I/O/Z) 增强型捕捉端口 3(I/O) 增强型 QEP2 索引（I/O） 多通道缓冲串口 B(MCBSP-B)发送时钟信号（I/O）
GPIO27 ECAP4 EQEP2S MFSXB	73	L9	N11	通用 I/O 引脚 27(I/O/Z) 增强型捕捉端口 4(I/O) 增强型 QEP2 选通（I/O） 多通道缓冲串口 B(MCBSP-B)发送帧同步（I/O）
GPIO28 SCIRXDA $\overline{XZCS6}$	141	E10	D10	通用 I/O 引脚 28(I/O/Z) SCI 接收数据 A 外部接口区域 6 的片选
GPIO29 SCITXDA XA19	2	C2	C1	通用 I/O 引脚 29(I/O/Z) SCI 发送数据(O) 外部接口地址线 19(O)
GPIO30 CANRXA XA18	1	B2	C2	通用 I/O 引脚 30(I/O/Z) 增强型 CAN-A 接收端口 外部接口地址线 18(O)
GPIO31 CANTXA XA17	176	A2	B2	通用 I/O 引脚 31(I/O/Z) 增强型 CAN-A 发送端口 外部接口地址线 17(O)
GPIO32 SDAA EPWMSYNCI $\overline{ADCSOCAO}$	74	N9	M11	通用 I/O 引脚 32(I/O/Z) I^2C 的数据时钟开漏双向口(I/OD) 增强型 PWM 外部同步脉冲输入(O) ADC 启动转换 A(I/O)
GPIO33 SCLA EPWMSYNCO $\overline{ADCSOCBO}$	75	P9	P12	通用 I/O 引脚 33(I/O/Z) I^2C 的时钟开漏双向口(I/OD) 增强型 PWM 外部同步脉冲输出(O) ADC 启动转换 B(I/O)
GPIO34 ECAP1 XREADY	142	D10	A9	通用 I/O 引脚 34(I/O/Z) 增强型捕捉端口 1(I/O) 外部接口就绪信号

名　　称	引脚编号			说　　明
	PGF/PTP	ZHH/BALL	ZJZ/BZLL	
GPIO35 SCITXDA XR/W	148	A9	B9	通用 I/O 引脚 35(I/O/Z) SCI-A 发送数据端口(O) 外部接口的读/非写选通
GPIO36 SCIRXDA $\overline{\text{XZCS0}}$	145	C10	C9	通用 I/O 引脚 36(I/O/Z) SCI-A 接收数据端口(I) 外部接口区域 0 的片选(O)
GPIO37 ECAP2 $\overline{\text{XZCS7}}$	150	D9	B8	通用 I/O 引脚 37(I/O/Z) 增强型捕捉端口 2(I/O) 外部接口区域 7 的片选(O)
GPIO38 $\overline{\text{XWE0}}$	137	D11	C10	通用 I/O 引脚 38(I/O/Z) 外部接口写使能 0(O)
GPIO39 XA16	175	B3	C3	通用 I/O 引脚 39(I/O/Z) 外部接口地址线 16(O)
GPIO40 XA0/$\overline{\text{XWE1}}$	151	D8	C8	通用 I/O 引脚 40(I/O/Z) 外部接口地址线 0(O)/外部接口写使能 1(O)
GPIO41 XA1	152	A8	A7	通用 I/O 引脚 41(I/O/Z) 外部接口地址线 1(O)
GPIO42 XA2	153	B8	B7	通用 I/O 引脚 42(I/O/Z) 外部接口地址线 2(O)
GPIO43 XA3	156	B7	C7	通用 I/O 引脚 43(I/O/Z) 外部接口地址线 3(O)
GPIO44 XA4	157	A7	A6	通用 I/O 引脚 44(I/O/Z) 外部接口地址线 4(O)
GPIO45 XA5	158	D7	B6	通用 I/O 引脚 45(I/O/Z) 外部接口地址线 5(O)
GPIO46 XA6	161	B6	C6	通用 I/O 引脚 46(I/O/Z) 外部接口地址线 6(O)
GPIO47 XA7	162	A6	D6	通用 I/O 引脚 47(I/O/Z) 外部接口地址线 7(O)
GPIO48 ECAP5 XD31	88	P13	L14	通用 I/O 引脚 48(I/O/Z) 增强型捕捉端口 5(I/O) 外部接口数据线 31(O)
GPIO49 ECAP6 XD30	89	N13	L13	通用 I/O 引脚 49(I/O/Z) 增强型捕捉端口 6(I/O) 外部接口数据线 30(O)
GPIO50 EQEP1A XD29	90	P14	L12	通用 I/O 引脚 50(I/O/Z) 增强型 QEP1 输入端口 A(I) 外部接口数据线 29(O)

续表

名　　称	引脚编号			说　　明
	PGF/PTP	ZHH/BALL	ZJZ/BZLL	
GPIO51 EQEP1B XD28	91	M13	K14	通用 I/O 引脚 51(I/O/Z) 增强型 QEP2 输入端口 B(I) 外部接口数据线 28(O)
GPIO52 EQEP1S XD27	94	M14	K13	通用 I/O 引脚 52(I/O/Z) 增强型 QEP1 选通(I) 外部接口数据线 27(O)
GPIO53 EQEP1I XD26	95	L12	K12	通用 I/O 引脚 53(I/O/Z) 增强型 QEP1 索引(I) 外部接口数据线 26(O)
GPIO54 SPISIMOA XD25	96	L13	J14	通用 I/O 引脚 54(I/O/Z) SPI-A 从输入、主输出(I/O) 外部接口数据线 25(O)
GPIO55 SPISOMIA XD24	97	L14	J13	通用 I/O 引脚 55(I/O/Z) SPI-A 从输出、主输入(I/O) 外部接口数据线 24(O)
GPIO56 SPICLKA XD23	98	K11	J12	通用 I/O 引脚 56(I/O/Z) SPI-A 时钟(I/O) 外部接口数据线 23(O)
GPIO57 SPISTEA XD22	99	K13	H13	通用 I/O 引脚 57(I/O/Z) SPI-A 从发送使能(I/O) 外部接口数据线 22(O)
GPIO58 MCLKRA XD21	100	K12	H12	通用 I/O 引脚 58(I/O/Z) 多通道缓冲串口 A(MCBSP-A)接收时钟(I/O) 外部接口数据线 21(O)
GPIO59 MFSRA XD20	110	H14	H11	通用 I/O 引脚 59(I/O/Z) 多通道缓冲串口 A(MCBSP-A)接收帧同步(I/O) 外部接口数据线 20(O)
GPIO60 MCLKRB XD19	111	G14	G12	通用 I/O 引脚 60(I/O/Z) 多通道缓冲串口 B(MCBSP-B)接收时钟(I/O) 外部接口数据线 19(O)
GPIO61 MFSRB XD18	112	G12	F14	通用 I/O 引脚 61(I/O/Z) 多通道缓冲串口 B(MCBSP-B)接收帧同步(I/O) 外部接口数据线 18(O)
GPIO62 SCIRXDC XD17	113	G13	F13	通用 I/O 引脚 62(I/O/Z) SCI-C 接收数据端口(O) 外部接口数据线 0(O)

续表

名　　称	引脚编号			说　　明
	PGF/PTP	ZHH/BALL	ZJZ/BZLL	
GPIO63 SCITXDC XD16	114	G11	F12	通用 I/O 引脚 63(I/O/Z) SCI-C 发送数据端口(O) 外部接口数据线 17(O)
GPIO64 XD15	115	G10	E14	通用 I/O 引脚 64(I/O/Z) 外部接口数据线 15(O)
GPIO65 XD14	116	F14	E13	通用 I/O 引脚 65(I/O/Z) 外部接口数据线 14(O)
GPIO66 XD13	119	F11	D12	通用 I/O 引脚 66(I/O/Z) 外部接口数据线 13(O)
GPIO67 XD12	122	E13	D14	通用 I/O 引脚 67(I/O/Z) 外部接口数据线 12(O)
GPIO68 XD11	123	E11	D13	通用 I/O 引脚 68(I/O/Z) 外部接口数据线 11(O)
GPIO69 XD10	124	F10	D12	通用 I/O 引脚 69(I/O/Z) 外部接口数据线 10(O)
GPIO70 XD9	127	D12	C14	通用 I/O 引脚 70(I/O/Z) 外部接口数据线 9(O)
GPIO71 XD8	128	C14	C13	通用 I/O 引脚 71(I/O/Z) 外部接口数据线 8(O)
GPIO72 XD7	129	B14	B13	通用 I/O 引脚 72(I/O/Z) 外部接口数据线 7(O)
GPIO73 XD6	130	C12	A12	通用 I/O 引脚 73(I/O/Z) 外部接口数据线 6(O)
GPIO74 XD5	131	C13	B12	通用 I/O 引脚 74(I/O/Z) 外部接口数据线 5(O)
GPIO75 XD4	132	A14	C12	通用 I/O 引脚 75(I/O/Z) 外部接口数据线 4(O)
GPIO76 XD3	133	B13	A11	通用 I/O 引脚 76(I/O/Z) 外部接口数据线 3(O)
GPIO77 XD2	134	A13	B11	通用 I/O 引脚 77(I/O/Z) 外部接口数据线 2(O)
GPIO78 XD1	135	B12	C11	通用 I/O 引脚 78(I/O/Z) 外部接口数据线 1(O)
GPIO79 XD0	136	A12	B10	通用 I/O 引脚 79(I/O/Z) 外部接口数据线 0(O)
GPIO80 XA8	163	C6	A5	通用 I/O 引脚 80(I/O/Z) 外部接口地址线 8(O)
GPIO81 XA9	164	E6	B5	通用 I/O 引脚 81(I/O/Z) 外部接口地址线 9(O)

续表

名　　称	引脚编号			说　　明
	PGF/PTP	ZHH/BALL	ZJZ/BZLL	
GPIO82 XA10	165	C5	C5	通用 I/O 引脚 82(I/O/Z) 外部接口地址线 10(O)
GPIO83 XA11	168	D5	A4	通用 I/O 引脚 83(I/O/Z) 外部接口地址线 11(O)
GPIO84 XA12	169	E5	B4	通用 I/O 引脚 84(I/O/Z) 外部接口地址线 12(O)
GPIO85 XA13	172	C4	C4	通用 I/O 引脚 85(I/O/Z) 外部接口地址线 13(O)
GPIO86 XA14	173	D4	A3	通用 I/O 引脚 86(I/O/Z) 外部接口地址线 14(O)
GPIO87 XA15	174	A3	B3	通用 I/O 引脚 87(I/O/Z) 外部接口地址线 15(O)
XRD	149	B9	A8	外部接口读使能

1.3　DSP 在运动控制系统中的应用

运动控制就是对机械运动部件的位置、速度等进行实时的控制管理,使其按照预期的运动轨迹和规定的运动参数进行工作。电动机是常用的动力源,运动控制最有效的方式就是对动力源的控制。据资料统计,在所有的动力源中,90% 以上来自电动机。电动机作为机电能量转换的重要设备,在航空航天、交通、数控机床、医疗医学、机器人技术、电动汽车、包装机械、轧钢、环境保护等诸多领域内应用广泛。

1.3.1　运动控制技术

运动控制技术的发展是工业自动化的关键技术,也是推动新的产业革命的关键技术。高速、高精度始终是运动控制技术追求的目标。例如,国防和航天领域的雷达天线、火炮瞄准、惯性导航平台、卫星姿态的控制;现代工业中各种自动化加工设备的控制;计算机外围设备和办公设备中的各种磁盘驱动器、扫描仪、复印机等设备的控制;家用电器中洗衣机、电冰箱、空调等电器设备的控制以及目前蓬勃发展的电动汽车驱动电动机的控制等。

随着微电子技术、电力电子技术、传感器技术、自动控制技术、微处理器技术的发展,运动控制技术发生了巨大的变化。各种电动机的控制技术与微处理器技术、电力电子技术、传感器技术相结合促使运动控制技术快速发展,而应用先进控制理论开发全数字化的智能运动控制系统将成为未来发展的方向。高性能低成本的数字信号处理器 DSP 的发展为电动机运动控制技术提供了理想的高性价比的解决方案。可以充分利用 DSP 的计算能力进行复杂的、实时的控制算法运算,使运动控制精度更高、速度更快、运动更加平稳。

1.3.2　电动机运动控制系统的实现

要实现高性能的电动机运动控制,必须采用高性能的控制器。运动控制器已经从以单片机、微处理器、专用芯片为核心的控制器发展到以 DSP 和 FPGA 为核心的控制器。现代交流伺服调速系统已广泛应用于机器人、电动汽车、工业控制等领域,交流调速取代直流调速已成为大势所趋。高速、高精度是运动控制技术追求的目标。由于电动机具有非线性和强耦合等特性,所以控制算法比较复杂,采用单片机控制很难获得理想的控制效果,而 TMS320C2000 系列 DSP 是 TI 公司面向数字控制、运动控制领域专门设计的,可以实现复杂的控制算法,加快了控制速度,大大简化了硬件,降低了成本。充分利用 DSP 技术,可以使运动控制有更高的精度、更快的速度、运行更加平稳,从而实现电动机的高性能控制。图 1-3 所示为电动机运动控制系统结构图。

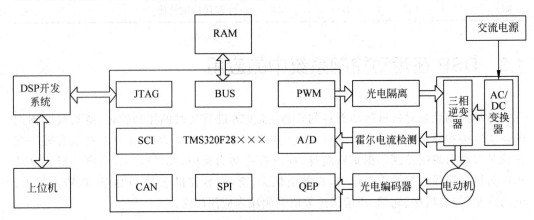

图 1-3　电动机控制系统结构框图

图 1-3 中,DSP 根据控制算法的运算结果,可以通过输出 6 路互补的 PWM 信号控制三相逆变器驱动电动机运行,电动机运行的速度和位置信号可以通过 QEP 电路捕获得到,电动机的模拟量信号(如相电流信号)可以采用 DSP 的 ADC 模块检测实现。此外,系统与主控节点之间可以通过 CAN 总线进行通信,通过 SCI 模块实现计算机与控制系统的通信和状态监控。

高性能、低成本数字信号处理器的发展,促进了电动机的 PWM 控制,采用 DSP 的数字控制方式主要优点如下。

(1) 可以用软件实现复杂的控制算法,取代复杂的硬件电路。

(2) 可以通过修改软件实现不同的控制算法,无须更改硬件电路。

(3) 具有较高的可靠性,易于维护和测试。

(4) 可通过软件实现原来由硬件完成的功能,从而简化了硬件电路,降低了系统的体积和重量。

习题及思考题

（1）谈一谈对 DSP 的认识。

（2）DSP 芯片有什么特点？

（3）简述 DSP 电动机控制系统的典型构成。

DSP 的结构原理

2.1　TMS320F2833x DSP 的内部结构

　　TMS320F2833x 由 C2000 系列 DSP 发展而来,是 Delfino 系列中的一员,是 TI 公司推出的一款 TMS320C28x 系列浮点型数字信号处理器。它在已有的 DSP 平台上增加了浮点运算内核,在保持了原有 DSP 芯片优点的同时,能够执行复杂的浮点运算,可以节省代码执行时间和存储空间,具有精度高、成本低、功耗小、外设集成度高、数据和程序存储量大、A/D 转换更精确快速等优点。

　　TMS320F2833x 包括 3 款芯片:TMS320F28335、TMS320F28334 和 TMS320F28332,它们都具有浮点处理能力,极大地缩短了开发周期。本书中,这 3 款芯片缩写为 F2833x。

　　芯片内部结构决定了内部各单元之间的互联和数据交换方式,TMS320F2833x DSP 由 4 部分组成:CPU、系统控制、存储器和片上外设。各部分之间通过内部系统总线联系在一起,如图 2-1 所示。

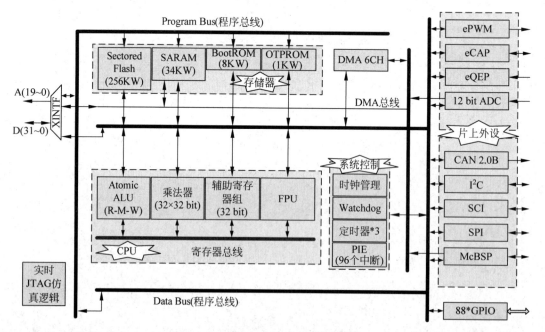

图 2-1　TMS320F2833x 的内部结构图

2.1.1　CPU

单周期乘法运算,F2833x 能够在 1 个周期内完成 32 位×32 位的乘法累加运算,或两个 16 位×16 位乘法累加运算。

快速的中断响应使 F2833x 能够保护关键的寄存器,快速(更小的中断延时)地响应外部异步事件。

流水线存储器对访问的流水线有保护机制,因此,F2833x 高速运行时不需要大容量的快速存储器。专门的分支跳转硬件减少了条件指令执行的反应时间,条件存储操作更进一步提高了 F2833x 的性能。F2833x 系列控制器在 1 个闪存节点上可以提供 150MIPS(每秒 150 兆条指令)的性能,普通单片机与 MCU 均在 30MIPS 以下。F2833x 处理器可采用 C/C++编写软件,效率非常高,甚至可以连接 MATLAB、LABVIEW 等高级语言系统。F2833x 系列 DSP 完成数学算法和系统控制等任务都具有相当高的性能。F2833x 浮点控制器设计,让设计人员可以轻松地开发浮点算法。与同主频的定点 DSPF2812 比较,浮点算法速度是其 5~8 倍。可以与定点无缝结合。32 位浮点 DSP,主频是 150MHz,方便电动机控制、电力设备控制及工业控制等。

2.1.2　系统控制模块

系统控制模块如下。

(1) 系统时钟产生与控制、外设时钟控制。

(2) 看门狗定时器。

(3) CPU 定时器。

(4) 外设中断扩展模块等。

每个外设的时钟都可以通过相应的寄存器使能或关闭;看门狗可用来监视用户程序的运行,以提高系统的软件抗干扰能力。

2.1.3　片上存储器

F2833x 的存储空间分成了程序存储器与数据存储器。其中,一些存储器既可以存储程序,也可以存储数据。一般来说,F2833x 的存储器分为以下 5 种。

(1) Flash 存储器,多扇区,代码安全,低功耗,可配置等待状态。F28335 器件有 256K×16 位的嵌入式闪存存储器、34K×16 位的 SARAM。F28334 器件有 128K×16 位的 Flash 存储器、34K×16 位的 SARAM。F28332 器件有 64K×16 位的 Flash 存储器、26K×16 位的 SARAM。

(2) OTP(One Time Programmable),即一次可编程存储器,1K×16 位 OTP ROM 统一映射到程序和数据存储空间,可存放数据或代码。只能被用户写一次,不能再次擦除。

(3) SARAM(单周期随机访问存储器)共有 34K×16 位,可以映射到数据空间,也可以映射到程序空间。

(4) 片外存储,如果片内资源不够,可以外扩 Flash 和 RAM。此类产品型号较多,与 DSP 的连接方式可以采用直接连接地址线、数据线,也可用 CPLD 辅助完成片选等操作。

(5) BOOT ROM,容量为 8K×16 位,其中存储了厂家预先固化好的程序,用户不用操作。

F2833x 本身不包含专门的大容量存储器,但是 DSP 内部本身继承了片内的存储器,CPU 可以读取片内集成与片外扩展的存储器。16 位或 32 位的外部接口(XINTF),超过2M×16 位的地址空间。

图 2-2 是 F28335 的地址映射。其中,M0、M1、L0～L7 是用户可以直接使用的SARAM,可以将定义的数据、变量、常量等存储在该地址范围内。x004000～0x005000是专门映射到 XINTF 某一区域的,保留空间是不能对它们进行操作的。其中一些空间是受密码保护的,包括 Flash 和 OTP ROM 空间。L0～L3 是双映射的,该模式主要是与F281x 系列的 DSP 兼容使用。

地址范围	片上存储器		片外扩展存储器	
	数据空间	程序空间		
0x00 0000	M0 向量 RAM(32×32)		保留	
0x00 0040				
0x00 0400	M0 SRAM(1K×16)			
0x00 0800	M1 SRAM(1K×16)			
0x00 0D00	PF0			
0x00 0E00	PIE 中断 向量表	保留		
	PF0			
	保留		外部区域 0 扩展 4K×16 CS0	
0x00 6000	PF3 DMA		保留	
0x00 7000	PF1	保留		
0x00 8000	PF2			
0x00 9000	L0 SRAM(4K×16)			
0x00 A000	L1 SRAM(4K×16)			
0x00 B000	L2 SRAM(4K×16)			
0x00 C000	L3 SRAM(4K×16)			
0x00 D000	L4 SRAM(4K×16)			
0x00 E000	L5 SRAM(4K×16)			
0x00 F000	L6 SRAM(4K×16)			
	L7 SRAM(4K×16)			
	保留		外部区域 6 扩展 1M×16 CS6	0x10 0000
			外部区域 7 扩展 1M×16 CS7	0x30 0000
0x33 FFF8	Flash(256K×16)		保留	
0x34 0000	128 位密码			
0x38 0000	保留			
0x38 0400	TI OTP(1K×16)			
0x38 0800	用户 OTP(1K×16)			
0x3F 8000	保留			
0x3F 9000	L0 SARAM(4K×16)		保留	
0x3F A000	L1 SARAM(4K×16)			
0x3F B000	L2 SARAM(4K×16)			
0x3F C000	L3 SARAM(4K×16)			
0x3F E000	保留			
0x3F FFFC	Boot ROM(8K×16)			
	BROM 向量表-ROM(32×32)			

图 2-2　F28335 的存储器配置

F28335 片内总线包含程序读总线、数据读总线和数据写总线。

① 程序读总线：22 位地址线，32 位数据线；

② 数据读总线：32 位地址线，32 位数据线；

③ 数据写总线：32 位地址线，32 位数据线。

可寻址 4G×16b 的数据存储空间、4M×16b 的程序存储空间。

2.1.4　片上外设

TMS320F2833x DSP 是 32 位支持浮点运算的 DSP，该芯片除了处理单元(CPU)、存储单元之外，还集成了控制系统所必需的所有外设，可以实现与外部信号的交互。TMS320F2833x 片内含有丰富的外设资源，已基本满足工业控制的需要，大大降低了硬件电路的设计难度，优良的性价比使其能够被广泛应用。

由图 2-1 可见，TMS320F2833x 内部主要有 ePWM 模块、eCAP 模块、eQEP 模块、ADC 采样模块、局域网通信控制器 eCAN 模块、串行通信接口 SCI、串行外围设备接口 SPI 以及多通道缓冲串行接口 McBSP。下面详细介绍各个外设单元。

(1) ePWM：有 6 个增强型模块，即 ePWM1～ePWM6，每个 ePWM 模块可产生 2 路的 PWM 信号，即 ePWMxA 和 ePWMxB，其中 ePWMxA 引脚支持 HRPWM 特性(x＝1～6)。输出的信号可用于调节电动机的转速。

(2) eCAP：有 6 个增强的捕捉模块，即 eCAP1～eCAP6。增强型捕捉模块使用一个 32 位时基，并在连续/单次捕捉模式中记录多达 4 个可编程事件。通过信号的边沿检测可获取输入信号的周期。

(3) eQEP：有 2 个增强的正交编码模块，包括 eQEP1 和 eQEP2。增强型 QEP 使用一个 32 位位置计数器，使用捕捉单元和一个 32 位单元定时器分别支持低速测量和高速测量，通过信号的边沿检测可获取电动机的转速和方向。

(4) ADC：增强的模数转换模块，具有 12 位精度，16 个专用通道，最快转换时间为 80ns。

(5) eCAN：有 2 个增强的控制局域网功能，包括 eCAN-A 和 eCAN-B，与 CAN 2.0B 兼容，主要用于分布式实时控制。

(6) SCI：有 3 个串行通信接口(Serial Communications Interface，SCI)，包括 SCI-A、SCI-B 和 SCI-C。SCI 是一个两线制异步串行端口，用于与其他 CPU 进行通信。

(7) SPI：有 1 个串行通信接口(Serial Peripheral Interface，SPI)，即 SPI-A。SPI 是一个高速、同步串行 I/O 端口，此端口可在设定的位传输速率上将一个设定长度(通常为 1～16 位)的串行比特流移入和移出器件。通常，SPI 用于 DSP 和扩展的其他存储器芯片、A/D 芯片、D/A 芯片等外设或者和其他处理器进行通信。

(8) McBSP：有 2 个多通道缓冲串行端口(Multichannel Buffered Serial Port，McBSP)，包括 McBSP-A 和 McBSP-B。全双工通信，用于与其他外围器件或主机进行数据传输。

(9) I^2C：一个内部集成电路的 I^2C(Inter-integrated Circuit)串行端口，只需要两根线就可以与其他芯片的 I^2C 接口连接。

(10) GPIO：增强的通用 I/O 接口，除基本的数字量输入输出功能外，通过多路选择功能，可以在一个引脚上切换到不同的外设功能。

(11) DMA：6 通道直接存储器存取(Direct Memory Access，DMA)，不经过 CPU，

直接在外设、存储器间进行数据交换,减轻了 CPU 的负担,提高了效率。

2.2　时钟和系统控制

时钟信号就像人的脉搏一样,人们要去工作,去做自己想做的事情,人的脉搏就必须跳动;DSP 也一样,DSP 芯片要稳定地工作,也必须有时钟信号,从而实现各个模块行为在时间上的紧密配合。下面将详细介绍 F2833x DSP 的时钟信号——振荡器、锁相环和时钟机制,以及维持其正常工作的看门狗模块。

2.2.1　振荡器和锁相环

为了能够让 F2833x DSP 按部就班地执行相应代码实现功能,就得让 DSP 芯片"活"起来,除了给 DSP 提供电源以外,还需要向 CPU 不断地提供规律的时钟脉冲。F2833x 芯片的时钟产生有 3 种方式:一是将 XCLKIN 引脚接地,在 X1 和 X2 引脚间接入一个石英晶振,片内振荡电路就会输出时钟信号 OSCCLK;二是将 XCLKIN 引脚接地,X1 引脚接入外部时钟脉冲(1.9V),X2 引脚悬空;三是在 XCLKIN 引脚接入外部时钟脉冲(3.3V),X1 引脚接地,X2 引脚悬空。采用第一种方式时,时钟脉冲信号由 F2833x 内部振荡器 OSC(Oscillator)和基于锁相环 PLL(Phase Locked Logic)的时钟模块来实现,如图 2-3 所示。

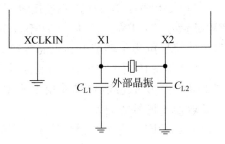

图 2-3　使用内部晶振的时钟电路

注:30MHz 外部石英晶振的典型技术规范为 $C_{L1} = C_{L2} = 24\mathrm{pF}$。

F2833x 工作的最高主频是 150MHz,典型的接法是在 X1 和 X2 之间接入 30MHz 的晶振,然后通过设置锁相环寄存器,实现 10 倍频。

首先简单介绍一下锁相环。锁相环是一种控制晶振使其相对于参考信号保持恒定的电路,在数字通信系统中使用比较广泛。目前 DSP 集成的片上锁相环含有 PLL 模块,主要作用是通过软件可以实时地配置片上外设时钟,提高系统的灵活性和可靠性。此外,由于采用软件可编程锁相环,所以设计的处理器外部允许较低的工作频率,而片内经过锁相环模块提供较高的系统时钟,这种设计可以有效地降低系统对外部时钟的依赖和电磁干扰,提高系统启动和运行时的可靠性,降低系统对硬件设计的要求。

从图 2-4 可以看到,外部晶振通过了片内振荡器 OSC 和 PLL 模块,产生了时钟信号 CLKIN,提供给 CPU。振荡电路产生的时钟信号 OSCCLK 可以不经过 PLL 模块直接通过多路器,再经分频得到 CLKIN 信号送往 CPU。OSCCLK 也可以经过 PLL 模块倍频后通过多路器,再经分频得到 CLKIN 信号送往 CPU。

外部晶振或外部时钟输入信号 XCLKIN 和送至 CPU 的时钟信号 CLKIN 之间的关系有 3 种:PLL 关闭、PLL 旁路、PLL 启动,具体见表 2-1。

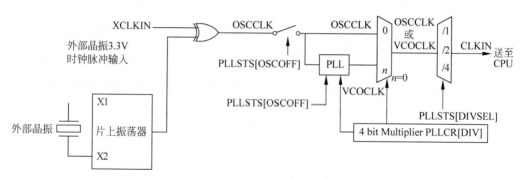

图 2-4　时钟信号生成通道

表 2-1　PLL 的配置

PLL 模式	说　明	PLLSTS[DIVSEL]	CLKIN 或 SYSCLKOUT
PLL 关闭	由在 PLLSTS 寄存器中设置 PLLOFF 位的用户调用。在此模式中,PLL 块被禁用。这对降低系统噪声和低功率操作非常有用。在进入此模式之前,必须先将 PLLCR 寄存器设置为 0x0000(PLL 旁路)。CPU 时钟(CLKIN)直接源自 X1/X2、X1 或者 XCLKIN 上的输入时钟	0、1	OSCCLK/4
		2	OSCCLK/2
		3	OSCCLK/1
PLL 旁路	PLL 旁路是加电或外部复位(XRS)时的默认 PLL 配置。当 PLLCR 寄存器设置为 0x0000 时或被修改使得 PLL 锁定至新频率时,选择此模式。在此模式中,PLL 本身被旁路,但未被关闭	0、1	OSCCLK/4
		2	OSCCLK/2
		3	OSCCLK/1
PLL 启动	通过将非零值 n 写入 PLLCR 寄存器来实现。在写入 PLLCR 时,此器件将在 PLL 锁启动之前切换至 PLL 旁路模式	0、1	OSCCLK * n/4
		2	OSCCLK * n/2
		3	OSCCLK * n/1

实际使用时,通常使用第 3 种方式,即 PLL 使能。从图 2-4 可以看到,通常使用 30MHz 晶振为 F2833x 提供时基,系统初始化时,将控制寄存器 PLLCR[DIV]配置为 10,PLLSTS[DIVSEL]配置为 2 时,送至 CPU 的时钟为 150MHz,这也是 F28335 所能支持的最高时钟频率。即:

SysCtrlRegs. PLLCR. bit. DIV = 10

SysCtrlRegs. PLLSTS. bit. DIVSEL = 2

SysCtrlRegs 表示时钟控制的所有寄存器,SysCtrlRegs. PLLCR 表示访问 PLLCR 寄存器,SysCtrlRegs. PLLCR. bit 表示对 PLLCR 寄存器的位进行操作,. DIV 表示对 PLLCR 寄存器中具体的位 DIV 进行操作。该语句表明,设置时钟信号 OSCCLK 的时钟倍频倍数为 10。

2.2.2　系统控制与外设时钟

CLKIN 经 CPU 以后,作为系统时钟 SYSCLKOUT 分发给各个外设,如图 2-5 所示。

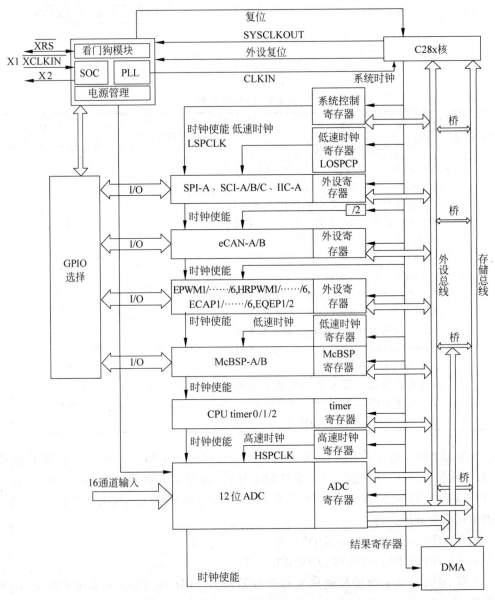

图 2-5　系统控制及外设时钟

从图 2-5 可以看到,SYSCLKOUT 信号经过低速外设时钟预定标寄存器 LOSPCP(取值范围为 0~7)变成了 LSPCLK,提供给低速外设 SCIA、SCIB、SPI 和 McBSP 等模块;SYSCLKOUT 信号经过高速外设时钟预定标寄存器 HISPCP(取值范围 0~7)变成了 HSPCLK,提供给高速外设 ADC。当然在各个外设实际使用时,LSPCLK 或者 HSPCLK 还需要经过各个外设自己的时钟预定标,如果外设的时钟预定标位的值为 0,则外设实际使用的时钟就是 LSPCLK 或者 HSPCLK。在实际使用时,为了降低系统功耗,不使用的外设最好将其时钟禁止。

在使用 F2833x 进行开发时,对于要用到的一些外设,必须向它提供时钟信号,这样这些外设才能工作。因此,在系统初始化时,需要对用到的各个外设的时钟进行使能。假设在某个项目里用到了 EPWM、ECAP 和 ADC 3 个外设,那么就需要按照下面的程序对这 3 个外设进行时钟的使能。与时钟使能相关的寄存器是外设时钟控制寄存器 PCLKCR0、PCLKCR1 和 PCLKCR3。

```
SysCtrlRegs.PCLKCR0.bit.ADCENCLK = 1;        //使能外设 ADC 的时钟
SysCtrlRegs.PCLKCR1.bit.ECAP1ENCLK = 1;      //使能外设 eCAP1 的时钟
SysCtrlRegs.PCLKCR1.bit.EPWM1ENCLK = 1;      //使能外设 ePWM1 的时钟
```

TI 公司已经把用到的时钟控制相关寄存器封装在一个结构体内,SysCtrlRegs 是该结构体的变量名,PCLKCR0、PCLKCR1 和 PCLKCR3 是相关的时钟寄存器名称,bit 意味着对该寄存器的某一位进行操作,ADCENCLK 是 ADC 使能寄存器,这样就完成了对外设时钟使能的操作,如果设置为 0,就关闭了相应的外设时钟。

2.2.3　看门狗模块

由于 DSP 的工作常常会受到外界的各种干扰,造成程序“跑飞”而陷入死循环,程序的正常运行被打断,控制系统无法继续工作。为了保障系统在无人监控的状态下实现连续运行,DSP 内部配置了一种专门用于监测程序运行状态的电路,俗称“看门狗”(Watchdog)。F28335 看门狗电路的功能框图如图 2-6 所示。

由图 2-6 可见,F28335 的看门狗电路有一个 8 位看门狗加法计数器 WDCNTR,是否允许计数时钟 WDCLK 输入由看门狗控制寄存器 WDCR 中的 WDDIS 位控制。WDCLK 时钟信号由晶振时钟 OSCCLK 经过 512 分频后再经预定标产生。预定标因子由 WDCR 寄存器的 WDPS 位控制。无论什么时候,如果 WDCNTR 计数到最大值,看门狗模块就会产生一个输出脉冲,脉冲宽度为 512 个振荡器时钟宽度。为了防止 WDCNTR 溢出,通常采用以下两种方法。

(1) 禁止看门狗,使得计数器 WDCNTR 无效。

(2) 周期性地“喂狗”:通过软件向看门狗密钥寄存器(8 位的 WDKEY)周期性地先写入 0x55,再写入 0xAA,就可以复位计数器 WDCNTR。

注意:写入的先后顺序不能改变。

逻辑校验位(WDCHK)是看门狗的另一个安全机制,看门狗控制寄存器(WDCR)中的校验位 WDCHK 必须是“101”,否则看门狗将会立即产生系统复位信号。

系统控制和状态寄存器 SCSR 包含看门狗溢出位和看门狗中断禁止/使能位,该寄存器的功能描述见表 2-2。为了使看门狗正常工作,需要配置 3 个看门狗寄存器,见表 2-3~表 2-5。

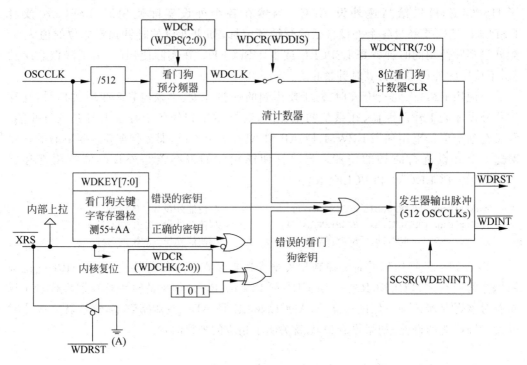

图 2-6　看门狗电路

表 2-2　系统控制与状态寄存器 SCSR

位	名　称	描　述
15～3	保留	保留
2	WDINTS	看门狗中断状态位,反映看门狗模块的 $\overline{\text{WDINT}}$ 信号状态。如果使用看门狗中断信号将器件从 IDLE 或 STANDBY 状态唤醒,则再次进入 IDLE 或 STANDBY 状态之前必须使 WDINTS 信号无效 0:起作用;1:无作用
1	WDENINT	WDENINT=1:看门狗复位信号 $\overline{\text{WDRST}}$ 被屏蔽,看门狗中断信号 $\overline{\text{WDINT}}$ 使能 WDENINT=0:看门狗复位信号使能 $\overline{\text{WDRST}}$,看门狗中断信号 $\overline{\text{WDINT}}$ 屏蔽 复位后默认为 0
0	WDOVERRIDE	如果 WDOVERRIDE 位置 1,允许用户改变看门狗控制寄存器的看门狗屏蔽位;如果通过向 WDOVERRIDE 位写 1 将其清除,则用户不能改变 WDDIS 位的设置,写 0 没有影响。如果该位被清除,只有系统复位后才会改变状态。用户可以随时读取该状态位

表 2-3　看门狗计数寄存器 WDCNTR

位	名　称	描　述
15~8	保留	保留
7~0	WDCNTR	位 0~7 包含看门狗计数器当前的值。8 位的计数器将根据看门狗时钟 WDCLK 连续计数。如果计数器溢出,看门狗发出一个复位信号,如果向 WDKEY 寄存器写有效的数据组合,将使计数器清零

表 2-4　看门狗复位关键字寄存器 WDKEY

位	名　称	描　述
15~8	保留	保留
7~0	WDKEY	依次写入 0x55 和 0xAA 到 WDKEY 将使看门狗计数器清零。写入其他的任意值都会产生看门狗复位。读该寄存器将返回 WDCR 寄存器的值

表 2-5　看门狗控制寄存器 WDCR

位	名　称	值	描　述
15~8	保留		
7	WDFLAG	0 1	看门狗复位状态标志位 看门狗没有满足复位条件 看门狗满足了复位条件
6	WDDIS	0 1	看门狗禁止 使能看门狗功能 禁止看门狗模块
5~3	WDCHK		看门狗逻辑校验位 WDCHK(2~0)必须写 101,写入其他值都会引起器件内核复位
2~0	WDPS		看门狗预定标设置位 WDPS(2~0)配置看门狗计数时钟(WDCLK)相当于 OSCCLK/512 的倍率:
		000	WDCLK＝OSCCLK/512/1
		001	WDCLK＝OSCCLK/512/1
		010	WDCLK＝OSCCLK/512/2
		011	WDCLK＝OSCCLK/512/4
		100	WDCLK＝OSCCLK/512/8
		101	WDCLK＝OSCCLK/512/16
		110	WDCLK＝OSCCLK/512/32
		111	WDCLK＝OSCCLK/512/64

2.3   时钟控制相关寄存器

与时钟控制相关的寄存器（如振荡器、锁相环和看门狗等控制寄存器）见表 2-6。

表 2-6   时钟单元相关寄存器表

名 称	地 址	大小（×16）	描 述
PLLSTS	0x00007011	1	PLL 锁相环状态寄存器
Reserved（保留）	0x00007012～0x00007018	7	保留寄存器
HISPCP	0x0000701A	1	高速外设时钟预定标寄存器
LOSPCP	0x0000701B	1	低速外设时钟预定标寄存器
PCLKCR0	0x0000701C	1	外设时钟控制寄存器 0
PCLKCR1	0x0000701D	1	外设时钟控制寄存器 1
LPMCR0	0x0000701E	1	低功耗模式控制寄存器 0
Reserved（保留）	0x0000701F	1	保留寄存器
PCLKCR3	0x00007020	1	外设时钟控制寄存器 3
PLLCR	0x00007021	1	锁相环 PLL 控制寄存器
SCSR	0x00007022	1	系统控制和状态寄存器
WDCNTR	0x00007023	1	看门狗计数寄存器
Reserved	0x00007024	1	保留寄存器
WDKEY	0x00007025	1	看门狗复位关键字寄存器
Reserved	0x00007026～0x00007028	3	保留寄存器
WDCR	0x00007029	1	看门狗控制寄存器
Reserved（保留）	0x0000702A～0x0000702F	6	保留寄存器

1）外设时钟控制寄存器

外设时钟控制寄存器 PCLKCR0、PCLKCR1 和 PCLKCR3 控制芯片上各种外设时钟的工作状态，位定义见表 2-7～表 2-9。

表 2-7   外设时钟控制器 PCLKCR0

位	名 称	描 述	位	名 称	描 述
15	ECANBENCLK	ECAN-B 时钟使能 0：禁止；1：使能	8	SPIAENCLK	SPI-A 时钟使能 0：禁止；1：使能
14	ECANAENCLK	ECAN-A 时钟使能 0：禁止；1：使能	7、6	保留	保留
13	MBENCLK	McBSP-B 时钟使能 0：禁止；1：使能	5	SCICENCLK	SCI-C 时钟使能 0：禁止；1：使能
12	MAENCLK	McBSP-A 时钟使能 0：禁止；1：使能	4	I2CAENCLK	I^2C 时钟使能 0：禁止；1：使能
11	SCIBENCLK	SCI-B 时钟使能 0：禁止；1：使能	3	ADCENCLK	ADC 时钟使能 0：禁止；1：使能
10	SCIAENCLK	SCI-A 时钟使能 0：禁止；1：使能	2	TBCLKSYNCENCLK	PWM 模块时基时钟 同步使能 0：禁止；1：使能
9	保留	保留	1、0	保留	保留

表 2-8　外设时钟控制器 PCLKCR1

位	名　称	描　述	位	名　称	描　述
15	EQEP2ENCLK	EQEP-2 时钟使能 0：禁止；1：使能	7、6	保留	保留
14	EQEP1ENCLK	EQEP-1 时钟使能 0：禁止；1：使能	5	EPWM6ENCLK	EPWM-6 时钟使能 0：禁止；1：使能
13	ECAP6ENCLK	ECAP-6 时钟使能 0：禁止；1：使能	4	EPWM5ENCLK	EPWM-5 时钟使能 0：禁止；1：使能
12	ECAP5ENCLK	ECAP-5 时钟使能 0：禁止；1：使能	3	EPWM4ENCLK	EPWM-4 时钟使能 0：禁止；1：使能
11	ECAP4ENCLK	ECAP-4 时钟使能 0：禁止；1：使能	2	EPWM3ENCLK	EPWM-3 时钟使能 0：禁止；1：使能
10	ECAP3ENCLK	ECAP-3 时钟使能 0：禁止；1：使能	1	EPWM2ENCLK	EPWM-2 时钟使能 0：禁止；1：使能
9	ECAP2ENCLK	ECAP-2 时钟使能 0：禁止；1：使能	0	EPWM1ENCLK	EPWM-1 时钟使能 0：禁止；1：使能
8	ECAP1ENCLK	ECAP-1 时钟使能 0：禁止；1：使能			

表 2-9　外设时钟控制器 PCLKCR3

位	名　称	描　述	位	名　称	描　述
15	保留	保留	10	CPUTIMER2ENCLK	定时器 2 时钟使能 0：禁止；1：使能
14	保留	保留	9	CPUTIMER1ENCLK	定时器 1 时钟使能 0：禁止；1：使能
13	GPIOINENCLK	GPIO 时钟使能 0：禁止；1：使能	8	CPUTIMER0ENCLK	定时器 0 时钟使能 0：禁止；1：使能
12	XINTFENCLK	外扩接口时钟使能 0：禁止；1：使能	7～0	保留	保留
11	DMAENCLK	DMA 时钟使能 0：禁止；1：使能			

各个外设控制寄存器的相应位为 1 时，允许该外设时钟；为 0 时，禁止该外设时钟。例如：

```
SysCtrlRegs.PCLKCR0.bit.I2CAENCLK = 1;      //I2C 时钟使能
SysCtrlRegs.PCLKCR0.bit.ECANAENCLK = 0;     //ECAN - A 时钟禁止
SysCtrlRegs.PCLKCR1.bit.EQEP1ENCLK = 1;     //EQEP1 时钟使能
```

2）高速外设时钟预定标寄存器 HISPCP

高速外设时钟预定标寄存器 HISPCP 的位域定义见表 2-10。

表 2-10　高速外设时钟预定标寄存器 HISPCP

位	名　称	描　述
15～3	保留	保留
2～0	HSPCLK	位 2～0 配置高速外设时钟相当于 SYSCLKOUT 的倍频倍数 如果 HISPCP 不等于 0,HSPCLK＝SYSCLKOUT/(HISPCP×2) 如果 HISPCP 等于 0,HSPCLK＝SYSCLKOUT 000：高速时钟＝SYSCLKOUT/1；001：高速时钟＝SYSCLKOUT/2 （系统默认） 010：高速时钟＝SYSCLKOUT/4；011：高速时钟＝SYSCLKOUT/6 100：高速时钟＝SYSCLKOUT/8；101：高速时钟＝SYSCLKOUT/10 110：高速时钟＝SYSCLKOUT/12；111：高速时钟＝SYSCLKOUT/14

3）低速外设时钟预定标寄存器 LOSPCP

低速外设时钟预定标寄存器的位域定义见表 2-11。

表 2-11　低速外设时钟预定标寄存器 LOSPCP

位	名　称	描　述
15～3	保留	保留
2～0	LSPCLK	位 2～0 配置低速外设时钟相当于 SYSCLKOUT 的倍频倍数 如果 LOSPCP 不等于 0,LSPCLK＝SYSCLKOUT/(LSSPCP×2) 如果 LOSPCP 等于 0,LSPCLK＝SYSCLKOUT 000：低速时钟＝SYSCLKOUT/1；001：低速时钟＝SYSCLKOUT/2 （系统默认） 010：低速时钟＝SYSCLKOUT/4；011：低速时钟＝SYSCLKOUT/6 100：低速时钟＝SYSCLKOUT/8；101：低速时钟＝SYSCLKOUT/10 110：低速时钟＝SYSCLKOUT/12；111：低速时钟＝SYSCLKOUT/14

4）锁相环状态寄存器 PLLSTS

锁相环状态寄存器的位域含义见表 2-12。

表 2-12　锁相环状态寄存器 PLLSTS

位	名　称	描　述
15～9	保留	保留
8～7	DIVSEL	时钟分频选择 00 或 01：4 分频；10：2 分频；11：1 分频
6	MCLKOFF	丢失时钟检测关闭位 0：默认设置,主振荡器时钟丢失检测功能使能 1：主振荡器时钟丢失检测功能禁止,使用该模式不能发出慢行模式时钟,代码不允许受监测时钟电路影响,一旦失去了外部时钟信号后,代码不会受到影响

续表

位	名　称	描　述
5	OSCOFF	振荡器时钟关闭位 0：默认，X1、X1/X2 或者 XCLKIN 振荡器时钟信号 OSCCLK 被送入 PLL 模块 1：来自 X1、X1/X2 或者 XCLKIN 的振荡器时钟信号不送入 PLL 模块。并没有关闭内部振荡器。振荡器时钟关闭位用来检测时钟丢失逻辑，当该位被设置后，不要进入 HALT、STANDBY 模式或者写 PLLCR 值，这会导致不可预料的错误发生 当该位被设置后，会影响看门狗的操作，这时候看门狗的操作取决于时钟的输入端 X1、X1/X2：看门狗不起作用 XCLKIN：看门狗起作用，若要禁止，需在设置 OSCOFF 之前操作
4	MCLKCLR	丢失时钟清除位 0：写 0，无效。该位通常读数为 9 1：强制清除和复位时钟信号丢失检测电路。如果振荡器时钟丢失，检测电路会产生系统复位，置位时钟丢失 MCLKSTS，CPU 被置于锁相器产生的无序时钟模式控制
3	MCLKSTS	丢失时钟信号状态位。系统复位后或需要检测时钟信号就要查看该位。正常情况下该位为 0，对该位写操作无效，写 MCLKCLR 或者强制外部复位则该位被清除 0：正常模式，时钟信号没有丢失 1：时钟信号丢失，CPU 工作在无序频率模式
2	PLLOFF	锁相器关闭位，测试系统噪声时该设置有用。该模式被用在锁相环控制寄存器位 0 时 0：默认模式，锁相器开；1：锁相器关闭
1	Reserved	保留
0	PLLLOCKS	锁相器锁状态位 0：表示锁相环控制寄存器的值被写入，锁相环在锁。锁状态时，CPU 的频率为振荡器时钟频率的一半，直到锁相环完全锁住 1：说明锁相环已结束在锁状态，并且已经稳定

5）锁相环控制寄存器 PLLCR

锁相环控制寄存器的位域定义见表 2-13。

表 2-13　锁相环控制寄存器 PLLCR

位	名　称	描　述
15～4	保留	保留
3～0	DIV	DIV 选择 PLL 是否为旁路，如果不是旁路，则设置相应的时钟倍频倍数 0000：CLKIN=OSCCLK/2(PLL 为旁路)；0001：CLKIN=(OSCCLK×1)/2 0010：CLKIN=(OSCCLK×2)/2；0011：CLKIN=(OSCCLK×3)/2 0100：CLKIN=(OSCCLK×4)/2；0101：CLKIN=(OSCCLK×5)/2 0110：CLKIN=(OSCCLK×6)/2；0111：CLKIN=(OSCCLK×7)/2 1000：CLKIN=(OSCCLK×8)/2；1001：CLKIN=(OSCCLK×9)/2 1010：CLKIN=(OSCCLK×10)/2；其他保留

锁相环控制寄存器的位域 DIV 用于设置 PLL 的倍数。如果 F28335 外接晶振频率为 30MHz,DIV 设置为 1010(二进制),锁相环状态寄存器的位域 DIVSEL 设置为 2,则时钟模块输出的时钟 CLKIN(也是 CPU 的输入时钟)频率为

$$f_{\text{CLKIN}} = (\text{OSCCLK} \times 10) \div 2 = 30 \times 10 \div 2 = 150(\text{MHz})$$

6) 系统控制和状态寄存器 SCSR

系统控制和状态寄存器 SCSR 包含看门狗溢出位和中断屏蔽/使能位,位定义见表 2-12。

7) 看门狗计数寄存器 WDCNTR

看门狗计数寄存器是 8 位的只读寄存器,存放计数器当前的计数值,复位后为 0,写寄存器无效。详细介绍见表 2-3。

8) 看门狗复位关键字寄存器 WDKEY

看门狗复位寄存器的信息及功能描述见表 2-4。

9) 看门狗控制寄存器 WDCR

看门狗控制寄存器 WDCR 位域定义见表 2-5。

【例 2-1】 设计 3 个函数,分别实现复位、屏蔽和使能看门狗功能。

```
void ServiceDog(void)                  //复位看门狗定时器
{
    EALLOW;
    SysCtrlRegs.WDKEY = 0x0055;
    SysCtrlRegs.WDKEY = 0x00AA;
    EDIS;
}
void DisableDog(void)                  //屏蔽看门狗定时器
{
    EALLOW;
    SysCtrlRegs.WDCR = 0x0068;
    EDIS;
}
void DisableDog(void)                  //使能看门狗定时器
{
    EALLOW;
    SysCtrlRegs.WDCR = 0x0028;
    EDIS;
}
```

2.4 CPU 定时器

定时器是用来准确控制时间的工具。F2833x 芯片内部具有 3 个 32 位的 CPU 定时器,分别是 CPU 定时器 0、CPU 定时器 1 和 CPU 定时器 2。其中,CPU 定时器 1 和 CPU 定时器 2 被系统保留,用于实时操作系统;CPU 定时器 0 可以供用户使用。

2.4.1 定时器的结构

CPU 定时器的内部结构如图 2-7 所示。

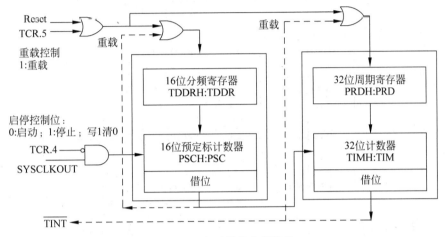

图 2-7 CPU 定时器的内部结构

由图 2-7 可见,CPU 定时器的寄存器有:32 位的定时器周期寄存器 PRDH:PRD,32 位的计数器寄存器 TIMH:TIM,16 位的定时器分频器寄存器 TDDRH:TDDR,16 位的预定标计数器寄存器 PSCH:PSC。这里用 XH:X 表示寄存器,由于 X2833x DSP 的寄存器都是 16 位的,而 CPU 定时器是 32 位的(如定时器周期寄存器、定时器计数器寄存器),因此可以用 2 个 16 位的寄存器 XH 和 X 表示 32 位的寄存器。其中,XH 表示高16 位,X 表示低 16 位。

2.4.2 定时时间定量计算

使用 CPU 定时器前,要设置寄存器以实现定时,图 2-8 为 CPU 定时器的工作示意图。

首先要根据实际需求,计算好 CPU 定时器周期寄存器的值,然后给周期寄存器 PRDH:PRD 赋值。当启动定时器开始计数时,周期寄存器 PRDH:PRD 中的值载入定时器计数器寄存器 TIMH:TIM 中。计数器寄存器 TIMH:TIM 里面的值每隔一个 TIMCLK 就减小 1,直至计数到 0,完成一个周期的计数。CPU 定时器这时会产生一个中断信号。完成一个周期的计数后,在下一个定时器输入时钟周期开始时,周期寄存器 PRDH:PRD 中的值重新装载到计数器寄存器 TIMH:TIM 中,如此循环下去。一个 CPU 定时器周期所经历的时间为:(PRDH:PRD+1)×TIMCLK。

计数器寄存器 TIMH:TIM 每隔 TIMCLK 时间减少 1,TIMCLK 由定时器分频器 TDDRH:TDDR 和预定标计数器 PSCH:PSC 来控制。先给定时器分频器 TDDRH:TDDR 赋值,然后载入预定标计数器 PSCH:PSC 中,每隔一个 SYSCLKCOUT 脉冲,

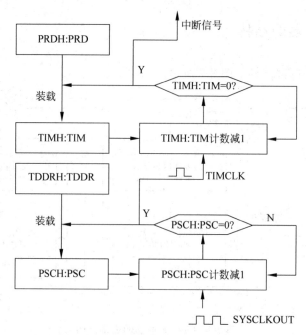

图 2-8　CPU 定时器工作示意图

PSCH:PSC 中的值减 1。当 PSCH:PSC 中的值为 0 时,就会输出一个 TIMCLK,从而 TIMH:TIM 减 1。在下一个定时器输入时钟周期开始时,TDDRH:TDDR 中的值重新载入 PSCH:PSC 中,如此循环下去。因此,TIMCLK 就等于（TDDR H:TDDR＋1）个系统时钟的时间。

从上面的分析可以看出,如果想用 CPU 定时器计量一段时间,需要设定两个寄存器:周期寄存器 PRDH:PRD 和分频器寄存器 TDDRH:TDDR。分频器寄存器 TDDRH:TDDR 决定了 CPU 定时器计数时每一步的时间。假设系统时钟 SYSCLKOUT 的值为 X（单位为 MHz）,那么计数器每走一步,所需要的时间为

$$\text{TIMCLK} = \frac{\text{TDDRH:TDDR}＋1}{X} \times 10^{-6}(\text{s})$$

CPU 定时器一个周期计数（PRDH:PRD＋1）次,因此 CPU 定时器的定时周期为

$$T = (\text{PRDH:PRD}＋1) \times \frac{\text{TDDRH:TDDR}＋1}{X} \times 10^{-6}(\text{s})$$

【例 2-2】　用定时器 0 实现定时周期 10ms。

定时器 0 初始化函数如下所示。在该函数中,周期寄存器的值由 DSP 的时钟频率 Freq(MHz) 和定时周期 Period(μs) 两个参数设定。初始化后,定时器处于停止状态。

```
void ConfigCpuTimer(struct CPUTIMER_VARS * Timer, float Freq, float Period)
{
    Uint32 temp;
    Timer -> CPUFreqInMHz = Freq;
    Timer -> PeriodInUSec = Period;
```

```
    temp = (long)(Freq * Period);              //Freq * Period 的值给周期寄存器
    Timer -> RegsAddr -> PRD.all = temp;
    Timer -> RegsAddr -> TPR.all = 0;          //设置预定标寄存器,不对系统时钟分频
    Timer -> RegsAddr -> TPRH.all = 0;
    Timer -> RegsAddr -> TCR.bit.TSS = 1;      //1:停止定时器, 0:启动定时器
    Timer -> RegsAddr -> TCR.bit.TRB = 1;      //1:重载定时器的周期值
    Timer -> RegsAddr -> TCR.bit.SOFT = 0;
    Timer -> RegsAddr -> TCR.bit.FREE = 0;     //定时器自由运行
    Timer -> RegsAddr -> TCR.bit.TIE = 1;      //1:定时器中断使能
}
```

完整的程序如下。

```
# include "DSP2833x_Device.h"              //DSP2833x Headerfile Include File
# include "DSP2833x_Examples.h"            //DSP2833x Examples Include File
interrupt void ISRTimer0(void);
void main(void)
{
    InitSysCtrl();                  //初始化系统控制; 关闭看门狗,初始化 PLL 时钟和外设时钟
    DINT;                                  //关总中断
    InitPieCtrl();                         //初始化 PIE 控制寄存器
    IER = 0x0000;                          //禁止 CPU 级中断
    IFR = 0x0000;                          //清除 CPU 级中断标志位
    InitPieVectTable();                    //初始化 PIE 中断向量表
    EALLOW;                                //对写保护的寄存器进行操作
    PieVectTable.TINT0 = &ISRTimer0;       //使中断向量 TINT0 指向相应的中断服务程序
    EDIS;              //禁止 DSP 受保护寄存器的读写功能,即恢复受保护寄存器的被保护状态
    InitCpuTimers();                       //初始化 CPU 定时器
    ConfigCpuTimer(&CpuTimer0,150,10000);  //CPU 时钟频率 150MHz,定时周期 10ms
    StartCpuTimer0();                //CpuTimer0Regs.TCR.bit.TSS = 0;启动定时器运行
    IER |= M_INT1;                         //使能 CPU 级的第 1 组中断
    PieCtrlRegs.PIECTRL.bit.ENPIE = 1;     //使能 PIE 级的第 1 组中断
    PieCtrlRegs.PIEIER1.bit.INTx7 = 1;     //使能 PIE 级第 1 组的第 7 个(定时器 0)中断
    EINT;                                  //总中断 INTM 使能
    ERTM;                                  //使能总实时中断 DBGM
    for(; ;){}                             //等待中断
}
interrupt void ISRTimer0(void)
{
    CpuTimer0.InterruptCount++;            //记录定时器 0 中断次数
    PieCtrlRegs.PIEACK.all = PIEACK_GROUP1; //应答本中断,以便接收本组其他中断
    CpuTimer0Regs.TCR.bit.TIF = 1;         //定时时间到,标志位置位,清除中断标志位
    CpuTimer0Regs.TCR.bit.TRB = 1;         //重载 Timer0 的定时数据
}
```

习题及思考题

（1）如何使能和禁止外设时钟？

（2）简述看门狗的功能和工作原理。

（3）外接晶振频率为 30MHz，要求系统时钟为 150MHz，如何设置 PLLSTS 和 PLLCR？

（4）如果系统时钟为 150MHz，用定时器 0 如何实现 2s 的定时周期？

CHAPTER 3

第 3 章

中断系统及应用

　　F2833x 有许多外设,这些外设都有可能产生新的任务需要 CPU 进行判断和处理,即 F2833x 的中断源有很多,这些中断源的中断请求信号送给 CPU 需要中断线,F28335 内部仅有 16 个中断线,包括不可屏蔽中断 NMI、硬件复位中断 RESET 和 14 个可屏蔽中断,这 14 个可屏蔽中断中,INT13 给了定时器 1,INT14 给了定时器 2。

　　可屏蔽中断可以用软件加以屏蔽或者使能。F28335 片内外设所产生的中断都是可屏蔽中断,每一个中断都可以通过相应寄存器的中断使能位来禁止或者使能该中断。

　　不可屏蔽中断是不可以被屏蔽的,一旦中断申请信号发出,CPU 必须无条件地立即去响应该中断,并执行相应的中断服务子程序。F2833x 的不可屏蔽中断主要包括硬件中断 NMI 和硬件复位中断。通过引脚 XNMI_ XINT13 可以进行不可屏蔽中断 NMI 的硬件中断请求,当该引脚为低电平时,CPU 就可以检测到一个有效的中断请求,从而响应 NMI 中断。

　　对于 CPU 定时器 1 和 CPU 定时器 2,已经预留给实时操作系统使用,CPU 定时器 1 的中断分配给了 INT13,CPU 定时器 2 的中断分配给了 INT14。两个不可屏蔽中断 RESET 和 NMI 也各自都有专用的独立中断。CPU 定时器 0 的周期中断、F28335 片内外设的所有中断、外部中断 XINT1～XINT7 共用中断线 INT1～INT12。通常使用最多的也是 INT1～INT12,因此这些中断需要重点介绍和探讨。

　　F28335 处理器中断源及连接关系如图 3-1 所示。

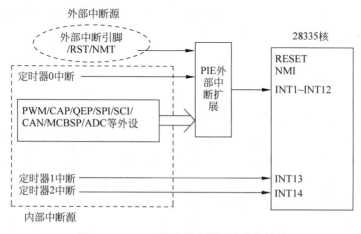

图 3-1　F28335 处理器中断源及连接关系

3.1 中断系统的三级中断机制

F28335 的中断采用的是三级中断机制,分别为外设级中断、PIE 级中断和 CPU 级中断,对于一个外设中断请求,必须通过这三级的共同允许,任何一级不允许,CPU 都不会响应该外设中断,如图 3-2 所示。

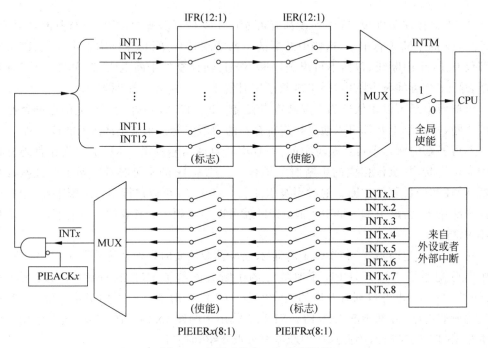

图 3-2 中断系统的三级中断机制

从图 3-2 中可以看出,要让 CPU 成功响应外设中断,首先要经过外设级中断允许,然后经 PIE 允许,最后再经 CPU 允许,这样最终 CPU 才能做出响应。

3.1.1 外设级

CPU 正常处理程序,而外设产生了中断事件时,该外设对应中断标志寄存器(IF)相应位置位被使能(通常需要编程控制使能),外设产生的中断将向 PIE 控制器发出中断申请。如果对应外设级中断没有被使能,也就是该中断被屏蔽,则不会向 PIE 提出中断申请,更不会产生 CPU 中断响应,但此时中断标志寄存器的标志位将保持在中断置位状态,一旦该中断被使能,则外设会立即向 PIE 申请中断。

需要注意的是,有部分硬件外设会自动复位中断标志位,如 SCI、SPI。多数外设寄存器中的中断标志位需要在中断服务程序中编程清除。

以 CPU 定时器 0 为例。当 CPU 定时器 0 的计数器寄存器 TIMH:TIM 计数到 0

时,就会产生周期中断,这时定时器控制寄存器中的中断标志位 TIF 被置位为 1,如果定时器控制寄存器中的中断使能位 TIE 为 1,则 CPU 定时器 0 会向 PIE 控制器发出中断请求,当然如果 TIE 为 0,CPU 定时器 0 不会向 PIE 控制器发出中断请求,但中断标志位 TIF 仍将保持为 1,除非编程将其清除。

清除 CPU 定时器 0 中断标志位 TIF 的语句如下。

```
CpuTimer0Regs.TCR.bit.TIF = 1;          //清除定时器中断标志位
```

其中,CpuTimer0Regs 表示 Timer0 的所有寄存器,CpuTimer0Regs.TCR 表示访问 Timer0 的 TCR 寄存器(控制寄存器),CpuTimer0Regs.TCR.bit 表示对 Timer0 的 TCR 寄存器的位进行操作,. TIF 表示对 TCR 寄存器中具体的位 TIF 进行操作。该语句表明,对 CPU 定时器 0 的中断标志位 TIF 写 1 才能清除中断标志位。要实现三级中断,主函数中的一些步骤必不可少,主要包括初始化外设、PIE 和 CPU 中断使能,下面结合一段具体编程实例对图 3-2 的各个环节进行说明。

```
void main(void)
{
  InitSysCtrl();              //初始化系统控制;关闭看门狗,初始化 PLL 时钟和外设时钟
  DINT;                       //关总中断
  InitPieCtrl();              //初始化 PIE 控制寄存器
  IER = 0x0000;               //禁止 CPU 级中断
  IFR = 0x0000;               //清除 CPU 级中断标志位
  InitPieVectTable();         //初始化 PIE 中断向量表
  EALLOW;                     //对写保护的寄存器进行操作
  PieVectTable.ADCINT = &ISRadc;  //使中断向量表中的 ADCINT 中断指向中断服务程序
                              //ISRadc 的入口地址
  EDIS;                       //禁止 DSP 受保护寄存器的读写功能,即恢复受保护寄存器的被保护状态
  InitAdc();                  //初始化 ADC 模块
  PieCtrlRegs.PIEIER1.bit.INTx6 = 1;  //使能 PIE 级的 AD 采样模块中断
  IER |= M_INT1;              //使能 CPU 级的第 1 组中断
  EINT;                       //使能全局中断 INTM
  ERTM;                       //使能全局实时中断 DBGM
  for(;;){ }
}
```

3.1.2　PIE 级

F28335 处理器内部集成了多种外设,每个外设都会产生一个或者多个外设级中断。由于 CPU 没有能力处理所有外设级的中断请求,因此 F28335 的 CPU 让出了 12 个中断线交给外设中断的扩展模块(Peripheral Interrupt Expansion Block,PIE 模块)进行复用管理。图 3-3 为中断扩展原理图。

PIE 可以支持 96 个不同的中断,实际有效外设中断为 58 个,PIE 把这些中断分成了 12 组,即 INT1~INT12,每组由 8 个外设级中断组成,而且每组都被反馈到 CPU 内核的 INT1~INT12 条中断线中的某一条。例如第 1 组占用 INT1 中断线,第 2 组占用 INT2

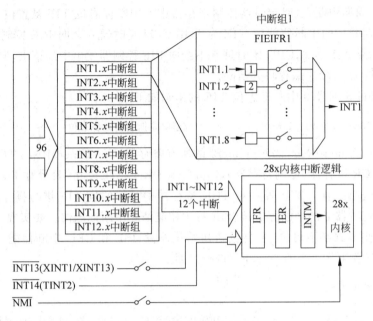

图 3-3   PIE 中断扩展原理

中断线，……，第 12 组占用 INT12 中断线，所有的外设中断都被归入了这 96 个中断中，并被分到不同的组里。注意，CPU 定时器 T1 和 CPU 定时器 T2 的中断及非屏蔽中断 NMI 直接连到了 CPU 级，没有经过 PIE 模块。外设中断在 PIE 中的分组情况见表 3-1。

表 3-1   PIE 中断分组

INTX	INTx.8	INTx.7	INTx.6	INTx.5	INTx.4	INTx.3	INTx.2	INTx.1
1	WAKE	TIMER0	ADC	XINT2	XINT1	保留	SEQ2	SEQ1
2	保留	保留	EPWM6_TZINT	EPWM5_TZINT	EPWM4_TZINT	EPWM3_TZINT	EPWM2_TZINT	EPWM1_TZINT
3	保留	保留	EPWM6_INT	EPWM5_INT	EPWM4_INT	EPWM3_INT	EPWM2_INT	EPWM1_INT
4	保留	保留	ECAP6_INT	ECAP5_INT	ECAP4_INT	ECAP3_INT	ECAP2_INT	ECAP1_INT
5	保留	保留	保留	保留	保留	保留	EQEP2_INT	EQEP1_INT
6	保留	保留	MXINTA	MRINTA	MXINTB	MRINTB	SPITXINTA	SPIRXINTA
7	保留	保留	DINTCH6	DINTCH5	DINTCH4	DINTCH3	DINTCH2	DINTCH1
8	保留	保留	SCITXINTC	SCIRXINTC	保留	保留	I2CINT2A	I2CINT1A
9	ECAN1 INTB	ECAN0 INTB	ECAN1 INTA	ECAN0 INTA	SCITX INTB	SCIRX INTB	SCITX INTA	SCIRX INTA
10	保留	保留	保留	保留	保留	保留	保留	保留
11	保留	保留	保留	保留	保留	保留	保留	保留
12	LUF	LVF	保留	XINT7	XINT6	XINT5	XINT4	XINT3

　　每一组内多个不同外设中断共用一个 CPU 中断 INTx($x=1\sim12$)。同外设级中断类似,PIE 控制器中的每一组都有一个中断标志寄存器 PIEIFRx 和一个中断使能寄存器 PIEIERx($x=1\sim12$)。例如,CPU 定时器 0 的周期中断对应第 1 组的第 7 位,即对应 PIEIER1 的第 7 位和 PIEIFR1 的第 7 位。此外,还有一个中断应答寄存器 PIEACK,它的低 12 位分别对应 12 个组,即 INT1~INT12,PIEACK 的第 0 位对应 INT1,第 1 位对应 INT2,以此类推。PIEACK 相当于门禁信号,当某个外设中断发生后,一旦 PIE 控制器有中断产生,相应的中断标志位(PIEIFR$x.y$)就会置 1,如果相应的 PIE 中断使能位(PIEIER$x.y$)也为 1,则 PIE 就会检查 PIEACK 的相应位,如果该位为 0,相当于门禁打开,PIE 向 CPU 申请中断;如果该位为 1,则 PIE 不会向 CPU 申请中断。例如,CPU 定时器 0 的周期中断产生了,这时定时器控制寄存器中的中断标志位 TIF 被置位为 1,如果定时器控制寄存器中的中断使能位 TIE 为 1,则 CPU 定时器 0 就会向 PIE 控制器发出中断请求,PIEIFR1 的第 7 位就会置 1,这时如果 PIEIER1 的第 7 位被置位,并且 PIEACK 的第 0 位为 0,PIE 控制器就会立即将 CPU 定时器 0 的周期中断提交给 CPU;否则,如果 PIEIER1 的第 7 位没有被置位,或者 PIEACK 的第 0 位为 1,该周期中断不会被 PIE 控制器响应并提交给 CPU。如果 CPU 定时器 0 的周期中断被响应了,则 PIEACK 的第 0 位就会被置位,并且一直保持。这时如果同一组内(INT1)发生了其他外设中断,则不会被 PIE 控制器响应,更不会把该中断提交给 CPU。必须等到 PIEACK 的第 0 位复位后,如果该中断请求还存在,PIE 控制器才会立即把该中断提交给 CPU。PIEACK 的相应位置位后不会自动复位,因此,每个外设中断响应后一定要对 PIEACK 的相应位进行手动复位,以便 CPU 能够响应同组内的其他中断。该过程通常是在中断服务程序中进行的。清除与 CPU 定时器 0 周期中断相应的应答位语句为

```
PieCtrlRegs.PIEACK.all = 0x0001;          //写 1 清除
```

　　PIE 通过控制 PIEACK 的相应位来控制每组中只有 1 个中断能被响应,一旦响应后,就需要软件编程将 PIEACK 相应位清零,以让它能够响应该组中后来的中断。

　　多数外设中断的中断标志位是需要手动清除的,而 PIE 级的中断标志位是自动清除的,但 PIE 级多了一个应答位 PIEACK,相当于一个门禁,同一时间只能放一个中断过去,中断被响应了,PIEACK 相应的位就会被置位,门禁关闭。打开门禁需要手动实现,对 PIEACK 相应的位写 1,门禁就会打开,才能让同一组的下一个中断进去。

3.1.3　CPU 级

　　同前面两级类似,CPU 级也有中断标志寄存器 IFR 和中断使能寄存器。当某个外设中断请求通过 PIE 发送到 CPU 级,CPU 级中断标志寄存器 IFR 中相应的中断标志位 INTx 就会置 1。例如,当 CPU 定时器 0 的周期中断发送到 CPU 级,IFR 中的 INT1 就会自动置位,该状态会锁存在寄存器 IFR 中,这时,CPU 会检查中断使能寄存器(IER)中相应位和全局中断屏蔽位(INTM)是否被使能,当 IER 中的 INT1 被置位,INTM 的值为 0 时,CPU 就会响应 CPU 定时器 0 的周期中断。

CPU 在响应中断之前,需要暂停正在执行的程序,为了在执行完中断服务程序后仍能找到原来的位置,CPU 必须做一些准备工作。它会将 IFR 中相应的中断标志位清除,INTM 置位,即不能响应其他中断。然后,CPU 会存储返回地址并自动保存相关信息。例如,将正在处理的数据放入堆栈等。完成这些工作后,CPU 就会从 PIE 向量表中取出对应的中断向量,转而去执行相应的中断服务程序。

可见,CPU 级的中断标志位的置位和清除同 PIE 级一样,都是自动完成的。

3.2   CPU 中断

CPU 响应中断,就是 CPU 要去执行相应的中断服务程序,其响应过程是 CPU 将现在执行程序的指令地址压入堆栈,然后跳转到中断服务程序入口地址,中断服务程序的入口地址就是中断向量,中断向量是 22 位的地址,用 2 个 16 位寄存器存放。地址的低 16 位保存中断向量的低 16 位；地址的高 16 位则保存在中断向量的高 6 位,并保留更高的 10 位。

3.2.1   CPU 中断向量表

32 个 CPU 中断向量占据的 64 个连续的存储单元构成了整个系统的中断向量表,在响应中断时,CPU 将自动从中断向量表中获取相应的中断向量。

CPU 响应中断是通过中断线的,而且只能 1 次响应其中 1 条中断线,每条中断线连接的中断向量都在中断向量表中占 22 位地址空间,用来存放中断服务程序的入口地址。如果几个中断同时向 CPU 发出中断请求,这时就要对各个中断请求进行优先级定义。

各个中断是有优先级的,位置在前面的中断优先级比位置在后面的中断优先级高。例如,不同组间的 INT1 比 INT2 的优先级高,INT2 比 INT3 的优先级高,……,INT12 优先级最低；同一组内的 INTx.1 优先级最高,INTx.8 优先级最低。也就是说 CPU 的中断优先级由高到低排列,依次是从 INT1 到 INT12；每组 PIE 控制的 8 个中断优先级依次是从 INTx.1 到 INTx.8。CPU 会根据这些中断的优先级来安排处理顺序,优先级高的先处理。CPU 中断向量表见表 3-2。

表 3-2   F28335 的 CPU 中断向量表

名　称	向量 ID	地　址	长度/ 16 位	描　述	CPU 优先级	PIE 组 优先级
Reset	0	0x0000 0D00	2	复位总是从地址位 0x3FFFC0 的 Boot ROM 中获得	1 最高	
INT1	1	0x0000 0D02	2	未使用,参考 PIE 组 1	5	
INT2	2	0x0000 0D04	2	未使用,参考 PIE 组 2	6	

续表

名　　称	向量 ID	地　址	长度/ 16 位	描　　述	CPU 优先级	PIE 组 优先级
INT3	3	0x0000 0D06	2	未使用,参考 PIE 组 3	7	
INT4	4	0x0000 0D08	2	未使用,参考 PIE 组 4	8	
1NT5	5	0x0000 0D0A	2	未使用,参考 PIE 组 5	9	
INT6	6	0x0000 0D0C	2	未使用,参考 PIE 组 6	10	
INT7	7	0x0000 0D0E	2	未使用,参考 PIE 组 7	11	
INT8	8	0x0000 0D10	2	未使用,参考 PIE 组 8	12	
INT9	9	0x0000 0D12	2	未使用,参考 PIE 组 9	13	
INT10	10	0x0000 0D14	2	未使用,参考 PIE 组 10	14	
INT11	11	0x0000 0D16	2	未使用,参考 PIE 组 11	15	
INT12	12	0x0000 0D18	2	未使用,参考 PIE 组 12	16	
INT13	13	0x0000 0D1A	2	XINT 或 CPU 定时器 1	17	
INT14	14	0x0000 0D1C	2	CPU 定时器 2(用于 TI/RTOS)	18	
DLOGINT	15	0x0000 0D1E	2	CPU 数据记录中断	19(最低)	
RTOSINT	16	0x0000 0D20	2	CPU 实时操作系统中断	4	
EMUINT	17	0x0000 0D22	2	CPU 仿真中断	2	
NMI	18	0x0000 0D24	2	外部不可屏蔽中断	3	
ILLEGAL	19	0x0000 0D26	2	非法操作		
USER1	20	0x0000 0D28	2	用户定义的软件操作(TRAP)		
USER2	21	0x0000 0D2A	2	用户定义的软件操作(TRAP)		
USER3	22	0x0000 0D2C	2	用户定义的软件操作(TRAP)		
USER4	23	0x0000 0D2E	2	用户定义的软件操作(TRAP)		
USER5	24	0x0000 0D30	2	用户定义的软件操作(TRAP)		
USER6	25	0x0000 0D32	2	用户定义的软件操作(TRAP)		
USER7	26	0x0000 0D34	2	用户定义的软件操作(TRAP)		
USER8	27	0x0000 0D36	2	用户定义的软件操作(TRAP)		
USER9	28	0x0000 0D38	2	用户定义的软件操作(TRAP)		
USER10	29	0x0000 0D3A	2	用户定义的软件操作(TRAP)		
USER11	30	0x0000 0D3C	2	用户定义的软件操作(TRAP)		
USER12	31	0x0000 0D3E	2	用户定义的软件操作(TRAP)		

3.2.2　CPU 中断寄存器

图 3-4 所列的 CPU 中断里,INT1～INT14 是 14 个通用中断,DLOGINT 数据标志中断和 RTOSINT 实时操作系统中断是为仿真而设计的两个中断。通常用得最多的是通用中断 INT1～INT14。这 16 个中断都属于可屏蔽中断,都能通过 CPU 中断使能寄存

器 IER 设置使能或者禁止这些中断。图 3-4 为 IER 寄存器的位情况。

15	14	13	12	11	10	9	8
RTOSINT	DLOGINT	INT14	INT13	INT12	INT11	INT10	INT9
R/W-0	R/W-0	R/W-0	R/W-0	R/W-0	R/W-0	R/W-0	R/W-0

7	6	5	4	3	2	1	0
INT8	INT7	INT6	INT5	INT4	INT3	INT2	INT1
R/W-0	R/W-0	R/W-0	R/W-0	R/W-0	R/W-0	R/W-0	R/W-0

图 3-4　CPU 中断使能寄存器 IER

注：R=可读，W=可写，-0=复位后的值。

由图 3-4 可见,CPU 中断使能寄存器中的每一位都与一个 CPU 中断相对应,当某一位的值为 1 时,相对应的中断就被使能;当某一位的值为 0 时,相应的中断就被禁止(屏蔽)。

除了可屏蔽中断的使能和禁止以外,DSP 中也有一个 CPU 中断的标志寄存器 IFR,寄存器中的每一位都与一个 CPU 中断相对应,这个位的状态就表示了该 CPU 中断是否提出了请求。CPU 中断标志寄存器 IFR 的位情况如图 3-5 所示。

15	14	13	12	11	10	9	8
RTOSINT	DLOGINT	INT14	INT13	INT12	INT11	INT10	INT9
R/W-0	R/W-0	R/W-0	R/W-0	R/W-0	R/W-0	R/W-0	R/W-0

7	6	5	4	3	2	1	0
INT8	INT7	INT6	INT5	INT4	INT3	INT2	INT1
R/W-0	R/W-0	R/W-0	R/W-0	R/W-0	R/W-0	R/W-0	R/W-0

图 3-5　CPU 中断标志寄存器 IFR

注：R=可读，W=可写，-0=复位后的值。

当可屏蔽中断请求发生时,如果 IFR 中相应的标志位置 1,表明中断未被执行或等待应答。所有未执行的中断可以向该位写 0 将其清零,并清除中断请求,CPU 的应答中断和硬件复位也可以清除 IFR 标志。

3.2.3　可屏蔽中断的响应过程

可屏蔽中断的响应过程实质上是中断的产生、使能与处理的过程,如图 3-6 所示。当某个可屏蔽中断提出请求时,其中断标志寄存器 IFR 中的中断标志位自动置位。CPU 检测到该中断标志位被置位后,立即读取 CPU 中断使能寄存器 IER 中相应位的值,如果该中断并未使能(即 IER 中相应位的值为 0),那么 CPU 将不会应答此中断,直到其中断被使能为止。如果该中断已经被使能,则 CPU 会继续检查全局中断 INTM 是否被使能(INTM=0),如果没有使能,则依然不会响应中断;如果 INTM 已经被使能,则 CPU 就会响应该中断,暂停主程序并转向执行相应的中断服务子程序。CPU 响应中断后,IFR 的中断标志位会被自动清 0,以便使 CPU 能够去响应其他中断或者该中断的下一次中断。

图 3-6 中 IER 和 INTM 的关系比较简单。全局中断 INTM 就像总闸,IER 中的各位像一个个开关,每个开关控制一盏灯。当总闸和电源接通时,开关闭合,对应的灯亮起;开关断开时,对应的灯熄灭。如果总闸和电源断开了,即使开关闭合,灯也不会亮。在 CPU 中断响应的过程里,如果一个中断被使能,而全局中断没有被使能,则 CPU 是不会响应中断的。只有当单个中断和全局中断都被使能时,该中断提出请求,CPU 才会响应。

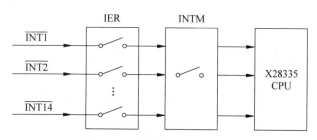

图 3-6   可屏蔽中断的响应过程

下面分析当多个外设中断同时提出中断请求时 CPU 响应的过程。假如有外设中断 A 和中断 B,中断 A 的优先级高于中断 B 的优先级,中断 A 和中断 B 都被使能了,而且全局中断 INTM 也已经使能了。这时当中断 A 和中断 B 同时提出中断请求时,CPU 就会根据优先级的高低先响应中断 A,同时清除 A 的中断标志位。当 CPU 处理完中断 A 的服务子程序后,如果这时中断 B 的标志位还处于置位的状态,那么 CPU 就会响应中断 B,转而去执行中断 B 的服务子程序。如果 CPU 在执行中断 A 的服务子程序时,中断 A 的标志位又被置位了,也就是中断 A 又向 CPU 提出了请求,那么当 CPU 完成中断响应之后,还是会继续先响应中断 A,而让中断 B 继续在队列中等待。

3.3 PIE 中断

F28335 芯片在正常情况下只使用 PIE 向量表。需要注意的是,如果 DSP 芯片复位,在没有初始化 PIE 前,即没有将 ENPIE 设为 1 时,使用的是 BROM 向量。因此,在 DSP 复位和程序引导完成之后,用户必须对 PIE 向量表进行初始化,然后由应用程序使能 PIE 向量表,这样 CPU 响应中断时,就从 PIE 中断向量表取出中断向量,即取出中断服务子程序的地址。

3.3.1 PIE 中断向量表

PIE 可以支持 96 个中断,每个中断都有中断服务子程序 ISR,DSP 的各个中断服务子程序的地址存储在连续的 RAM 空间内,这就是 PIE 中断向量表,CPU 响应中断时就从 PIE 中断向量表中找到对应的中断服务子程序的地址。PIE 中断向量表见表 3-3。

表 3-3　PIE 中断向量表

名　称	向量 ID	地　址	长度/ 16 位	描　述	CPU 优先级	PIE 组 优先级
Reset	0	0x0000 0D00	2	复位总是从地址位 0x3FFFC0 的 Boot ROM 中获得	1 最高	
INT1	1	0x0000 0D02	2	未使用,参考 PIE 组 1	5	
INT2	2	0x0000 0D04	2	未使用,参考 PIE 组 2	6	
INT3	3	0x0000 0D06	2	未使用,参考 PIE 组 3	7	
INT4	4	0x0000 0D08	2	未使用,参考 PIE 组 4	8	
INT5	5	0x0000 0D0A	2	未使用,参考 PIE 组 5	9	
INT6	6	0x0000 0D0C	2	未使用,参考 PIE 组 6	10	
INT7	7	0x0000 0D0E	2	未使用,参考 PIE 组 7	11	
INT8	8	0x0000 0D10	2	未使用,参考 PIE 组 8	12	
INT9	9	0x0000 0D12	2	未使用,参考 PIE 组 9	13	
INT10	10	0x0000 0D14	2	未使用,参考 PIE 组 10	14	
INT11	11	0x0000 0D16	2	未使用,参考 PIE 组 11	15	
INT12	12	0x0000 0D18	2	未使用,参考 PIE 组 12	16	
INT13	13	0x0000 0D1A	2	XINT 或 CPU 定时器 1	17	
INT14	14	0x0000 0D1C	2	CPU 定时器 2(用于 TI/RTOS)	18	
DLOGINT	15	0x0000 0D1E	2	CPU 数据记录中断	19(最低)	
RTOSINT	16	0x0000 0D20	2	CPU 实时操作系统中断	4	
EMUINT	17	0x0000 0D22	2	CPU 仿真中断	2	
NMI	18	0x0000 0D24	2	外部不可屏蔽中断	3	
ILLEGAL	19	0x0000 0D26	2	非法操作		
USER1	20	0x0000 0D28	2	用户定义的软件操作(TRAP)		
USER2	21	0x0000 0D2A	2	用户定义的软件操作(TRAP)		
USER3	22	0x0000 0D2C	2	用户定义的软件操作(TRAP)		
USER4	23	0x0000 0D2E	2	用户定义的软件操作(TRAP)		
USER5	24	0x0000 0D30	2	用户定义的软件操作(TRAP)		
USER6	25	0x0000 0D32	2	用户定义的软件操作(TRAP)		
USER7	26	0x0000 0D34	2	用户定义的软件操作(TRAP)		
USER8	27	0x0000 0D36	2	用户定义的软件操作(TRAP)		
USER9	28	0x0000 0D38	2	用户定义的软件操作(TRAP)		
USER10	29	0x0000 0D3A	2	用户定义的软件操作(TRAP)		
USER11	30	0x0000 0D3C	2	用户定义的软件操作(TRAP)		
USER12	31	0x0000 0D3E	2	用户定义的软件操作(TRAP)		
PIE 组 1 向量——复用 CPU 的 INT1 中断						
INT1.1	32	0x0000 0D40	2	SEQ1INT(ADC)	5	1(最高)
INT1.2	33	0x0000 0D42	2	SEQ2INT(ADC)	5	2
INT1.3	34	0x0000 0D44	2	保留	5	3
INT1.4	35	0x0000 0D46	2	XINT1	5	4
INT1.5	36	0x0000 0D48	2	XINT2	5	5
INT1.6	37	0x0000 0D4A	2	ADCINT(ADC)	5	6
INT1.7	38	0x0000 0D4C	2	TINT0(CPU 定时器 0)	5	7
INT1.8	39	0x0000 0D4E	2	WAKEINT(LPM/WD)	5	8(最低)

名　称	向量 ID	地　址	长度/ 16 位	描　述	CPU 优先级	PIE 组 优先级
PIE 组 2 向量——复用 CPU 的 INT2 中断						
INT2.1	40	0x0000 0D50	2	EPWM1_TZINT(EPWM1)	6	1(最高)
INT2.2	41	0x0000 0D52	2	EPWM2_TZINT(EPWM2)	6	2
INT2.3	42	0x0000 0D54	2	EPWM3_TZINT(EPWM3)	6	3
INT2.4	43	0x0000 0D56	2	EPWM4_TZINT(EPWM4)	6	4
INT2.5	44	0x0000 0D58	2	EPWM5_TZINT(EPWM5)	6	5
INT2.6	45	0x0000 0D5A	2	EPWM6_TZINT(EPWM6)	6	6
INT2.7	46	0x0000 0D5C	2	保留	6	7
INT2.8	47	0x0000 0D5E	2	保留	6	8(最低)
PIE 组 3 向量——复用 CPU 的 INT3 中断						
INT3.1	48	0x0000 0D60	2	EPWM1_INT(EPWM1)	7	1(最高)
INT3.2	49	0x0000 0D62	2	EPWM2_INT(EPWM2)	7	2
INT3.3	50	0x0000 0D64	2	EPWM3_INT(EPWM3)	7	3
INT3.4	51	0x0000 0D66	2	EPWM4_INT(EPWM4)	7	4
INT3.5	52	0x0000 0D68	2	EPWM5_INT(EPWM5)	7	5
INT3.6	53	0x0000 0D6A	2	EPWM6_INT(EPWM6)	7	6
INT3.7	54	0x0000 0D6C	2	保留	7	7
INT3.8	55	0x0000 0D6E	2	保留	7	8(最低)
PIE 组 4 向量——复用 CPU 的 INT4 中断						
INT4.1	56	0x0000 0D70	2	ECAP1_INT(ECAP1)	8	1(最高)
INT4.2	57	0x0000 0D72	2	ECAP2_INT(ECAP2)	8	2
INT4.3	58	0x0000 0D74	2	ECAP3_INT(ECAP3)	8	3
INT4.4	59	0x0000 0D76	2	ECAP4_INT(ECAP4)	8	4
INT4.5	60	0x0000 0D78	2	ECAP5_INT(ECAP5)	8	5
INT4.6	61	0x0000 0D7A	2	ECAP6_INT(ECAP6)	8	6
INT4.7	62	0x0000 0D7C	2	保留	8	7
INT4.8	63	0x0000 0D7E	2	保留	8	8(最低)
PIE 组 5 向量——复用 CPU 的 INT5 中断						
INT5.1	64	0x0000 0D80	2	EQEP1_INT(EQEP1)	9	1(最高)
INT5.2	65	0x0000 0D82	2	EQEP2_INT(EQEP2)	9	2
INT5.3	66	0x0000 0D84	2	保留	9	3
INT5.4	67	0x0000 0D86	2	保留	9	4
INT5.5	68	0x0000 0D88	2	保留	9	5
INT5.6	69	0x0000 0D8A	2	保留	9	6
INT5.7	70	0x0000 0D8C	2	保留	9	7
INT5.8	71	0x0000 0D8E	2	保留	9	8(最低)
PIE 组 6 向量——复用 CPU 的 INT6 中断						
INT6.1	72	0x0000 0D90	2	SPIRXINTA (SPI-A)	10	1(最高)
INT6.2	73	0x0000 0D92	2	SPITXINTA (SPI-A)	10	2
INT6.3	74	0x0000 0D94	2	MRINTB(McBSP-B)	10	3

续表

名　称	向量 ID	地　址	长度/ 16 位	描　述	CPU 优先级	PIE 组 优先级
INT6.4	75	0x0000 0D96	2	MXINTB（McBSP-B）	10	4
INT6.5	76	0x0000 0D98	2	MRINTA（McBSP-A）	10	5
INT6.6	77	0x0000 0D9A	2	MXINTA（McBSP-A）	10	6
INT6.7	78	0x0000 0D9C	2	保留	10	7
INT6.8	79	0x0000 0D9E	2	保留	10	8（最低）
PIE 组 7 向量——复用 CPU 的 INT7 中断						
INT7.1	80	0x0000 0DA0	2	DINTCH1 DMA 通道 1	11	1（最高）
INT7.2	81	0x0000 0DA2	2	DINTCH2 DMA 通道 2	11	2
INT7.3	82	0x0000 0DA4	2	DINTCH3 DMA 通道 3	11	3
INT7.4	83	0x0000 0DA6	2	DINTCH4 DMA 通道 4	11	4
INT7.5	84	0x0000 0DA8	2	DINTCH5 DMA 通道 5	11	5
INT7.6	85	0x0000 0DAA	2	DINTCH6 DMA 通道 6	11	6
INT7.7	86	0x0000 0DAC	2	保留	11	7
INT7.8	87	0x0000 0DAE	2	保留	11	8（最低）
PIE 组 8 向量——复用 CPU 的 INT8 中断						
INT8.1	88	0x0000 0DB0	2	I2CINT1A（I2C-A）	12	1（最高）
INT8.2	89	0x0000 0DB2	2	I2CINT2A（I2C-A）	12	2
INT8.3	90	0x0000 0DB4	2	保留	12	3
INT8.4	91	0x0000 0DB6	2	保留	12	4
INT8.5	92	0x0000 0DB8	2	SCIRXINTC（SCI-C）	12	5
INT8.6	93	0x0000 0DBA	2	SCITXINTC（SCI-C）	12	6
INT8.7	94	0x0000 0DBC	2	保留	12	7
INT8.8	95	0x0000 0DBE	2	保留	12	8（最低）
PIE 组 9 向量——复用 CPU 的 INT9 中断						
INT9.1	96	0x0000 0DC0	2	SCIRXINTA（SCI-A）	13	1（最高）
INT9.2	97	0x0000 0DC2	2	SCITXINTA（SCI-A）	13	2
INT9.3	98	0x0000 0DC4	2	SCIRXINTB（SCI-B）	13	3
INT9.4	99	0x0000 0DC6	2	SCITXINTB（SCI-B）	13	4
INT9.5	100	0x0000 0DC8	2	ECAN0INTA（eCAN-A）	13	5
INT9.6	101	0x0000 0DCA	2	ECAN1INTA（eCAN-A）	13	6
INT9.7	102	0x0000 0DCC	2	ECAN0INTB（eCAN-B）	13	7
INT9.8	103	0x0000 0DCE	2	ECAN1INTB（eCAN-B）	13	8（最低）
PIE 组 10 向量——复用 CPU 的 INT10 中断						
INT10.1	104	0x0000 0DD0	2	保留	14	1（最高）
INT10.2	105	0x0000 0DD2	2	保留	14	2
INT10.3	106	0x0000 0DD4	2	保留	14	3
INT10.4	107	0x0000 0DD6	2	保留	14	4
INT10.5	108	0x0000 0DD8	2	保留	14	5
INT10.6	109	0x0000 0DDA	2	保留	14	6
INT10.7	110	0x0000 0DDC	2	保留	14	7
INT10.8	111	0x0000 0DDE	2	保留	14	8（最低）

续表

名　称	向量ID	地　址	长度/16 位	描　述	CPU优先级	PIE 组优先级
PIE 组 11 向量——复用 CPU 的 INT11 中断						
INT11.1	112	0x0000 0DE0	2	保留	15	1(最高)
INT11.2	113	0x0000 0DE2	2	保留	15	2
INT11.3	114	0x0000 0DE4	2	保留	15	3
INT11.4	115	0x0000 0DE6	2	保留	15	4
INT11.5	116	0x0000 0DE8	2	保留	15	5
INT11.6	117	0x0000 0DEA	2	保留	15	6
INT11.7	118	0x0000 0DEC	2	保留	15	7
INT11.8	119	0x0000 0DEE	2	保留	15	8(最低)
PIE 组 12 向量——复用 CPU 的 INT12 中断						
INT12.1	120	0x0000 0DF0	2	XINT3	16	1(最高)
INT12.2	121	0x0000 0DF2	2	XINT4	16	2
INT12.3	122	0x0000 0DF4	2	XINT5	16	3
INT12.4	123	0x0000 0DF6	2	XINT6	16	4
INT12.5	124	0x0000 0DF8	2	XINT7	16	5
INT12.6	125	0x0000 0DFA	2	保留	16	6
INT12.7	126	0x0000 0DFC	2	LVF FPU	16	7
INT12.8	127	0x0000 0DFE	2	LUF FPU	16	8(最低)

3.3.2　PIE 中断寄存器

可屏蔽 CPU 中断都可以通过中断使能寄存器 IER 和中断标志寄存器 IFR 进行编程控制。PIE 的每个组都有 3 个相关的寄存器，分别是 PIE 中断使能寄存器 PIEIERx、PIE 中断标志寄存器 PIEIFRx 和 PIE 中断应答寄存器 PIEACKx。PIE 控制器的寄存器见表 3-4。

表 3-4　PIE 控制器的寄存器

名　称	地　址	大小(×16)	说　明
PIECTRL	0x0000 0CE0	1	PIE 控制寄存器
PIEACK	0x0000 0CE1	1	PIE 应答寄存器
PIEIER1	0x0000 0CE2	1	PIE,INT1 组使能寄存器
PIEIFR1	0x0000 0CE3	1	PIE,INT1 组标志寄存器
PIEIER2	0x0000 0CE4	1	PIE,INT2 组使能寄存器
PIEIFR2	0x0000 0CE5	1	PIE,INT2 组标志寄存器
PIEIER3	0x0000 0CE6	1	PIE,INT3 组使能寄存器
PIEIFR3	0x0000 0CE7	1	PIE,INT3 组标志寄存器
PIEIER4	0x0000 0CE8	1	PIE,INT4 组使能寄存器
PIEIFR4	0x0000 0CE9	1	PIE,INT4 组标志寄存器

续表

名　称	地　址	大小(×16)	说　明
PIEIER5	0x0000 0CEA	1	PIE,INT5 组使能寄存器
PIEIFR5	0x0000 0CEB	1	PIE,INT5 组标志寄存器
PIEIER6	0x0000 0CEC	1	PIE,INT6 组使能寄存器
PIEIFR6	0x0000 0CED	1	PIE,INT6 组标志寄存器
PIEIER7	0x0000 0CEE	1	PIE,INT7 组使能寄存器
PIEIFR7	0x0000 0CEF	1	PIE,INT7 组标志寄存器
PIEIER8	0x0000 0CF0	1	PIE,INT8 组使能寄存器
PIEIFR8	0x0000 0CF1	1	PIE,INT8 组标志寄存器
PIEIER9	0x0000 0CF2	1	PIE,INT9 组使能寄存器
PIEIFR9	0x0000 0CF3	1	PIE,INT9 组标志寄存器
PIEIER10	0x0000 0CF4	1	PIE,INT10 组使能寄存器
PIEIFR10	0x0000 0CF5	1	PIE,INT10 组标志寄存器
PIEIER11	0x0000 0CF6	1	PIE,INT11 组使能寄存器
PIEIFR11	0x0000 0CF7	1	PIE,INT11 组标志寄存器
PIEIER12	0x0000 0CF8	1	PIE,INT12 组使能寄存器
PIEIFR12	0x0000 0CF9	1	PIE,INT12 组标志寄存器
Reserved	0x0000 0CFA 0x0000 0CFF	6	保留

1) PIE 中断使能寄存器

PIE 控制器共有 12 个 PIE 中断使能寄存器 PIEIERx,分别对应 PIE 控制器的 12 个组,用于设置组内中断的使能情况。PIE 中断使能寄存器 PIEIERx 的位分布如图 3-7 所示。

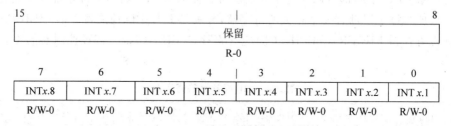

图 3-7　PIE 中断使能寄存器 PIEIERx

注：R=可读,W=可写,-0=复位后的值。

INTx.8～INTx.1 对应位 7～0,对 PIE 组内各个中断单独使能。和 CPU 中断使能寄存器 IER 类似,把某位置 1,可以使能该中断服务;将某位清 0,将使该中断服务禁止。x=1～12,INTx 表示 CPU 的 INT1～INT12。

2) PIE 中断标志寄存器

PIE 控制器共有 12 个 PIE 中断标志寄存器 PIEIFRx,分别对应 PIE 控制器的 12 个组。PIEIFR 寄存器的每一位代表对应中断的请求信号,当该位置 1,表示相应的中断提出了请求,需要 CPU 响应。PIE 中断标志寄存器 PIEIFRx 的位分布如图 3-8 所示。

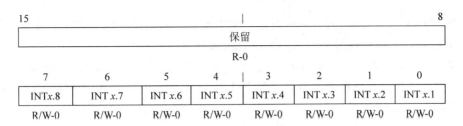

图 3-8　PIE 中断标志寄存器 PIEIFRx

注：R＝可读，W＝可写，-0＝复位后的值。

INTx.8～INTx.1 对应位 7～0，这些位表示一个中断当前是否被激活，向 CPU 提出了中断请求。它们和 CPU 中断标志寄存器 IFR 类似。当中断激活时，各个寄存器位置 1。当向该寄存器位写 0 时，该位清 0。该寄存器还可以被读取，以确定哪个中断被激活或未处理。x＝1～12，INTx 表示 CPU 的 INT1～INT12。

3）PIE 中断应答寄存器

如果 PIE 中断控制器有中断产生，则相应的中断标志位将置 1。如果相应的 PIE 中断使能位也置 1，则 PIE 将检查 PIE 中断应答寄存器 PIEACK，以确定 CPU 是否准备响应该中断。

如果相应的 PIEACKx 清 0，PIE 便向 CPU 申请中断；如果相应的 PIEACKx 为 1，那么 PIE 将等待，直到相应的 PIEACKx 清 0 才向 CPU 申请中断。PIE 中断应答寄存器 PIEACK 的位情况如图 3-9 所示。

图 3-9　PIE 中断应答寄存器 PIEACK

注：R＝可读，W＝可写，-1＝复位后的值。

PIEACK 寄存器的第 0 位表示 PIE 第 1 组中断的 CPU 响应情况，第 1 位表示 PIE 第 2 组中断的 CPU 响应情况，……，第 11 位表示 PIE 第 12 组中断的 CPU 响应情况。

PIEACK 寄存器的某一位写 1，可使该位清 0，此时如果该组内有 CPU 尚未响应的中断，则 PIE 向 CPU 提出中断请求。

4）PIE 控制寄存器

PIE 控制寄存器的位情况如图 3-10 所示。

图 3-10　PIE 控制寄存器 PIECTRL

注：R＝可读，W＝可写，-0＝复位后的值。

PIEVECT 位 15～1 表示从 PIE 向量表取回的向量地址。用户可以读取向量值，以确定取回的向量是由哪一个中断产生的。

当 ENPIE 位置 1 时,所有向量取自 PIE 向量表。如果该位为 0,PIE 块无效,向量取自引导 ROM 的 CPU 向量表或 XINTF7 区外部接口。

在设计时,通常将引脚 XMP/MC 设置为低电平,即上电复位时,XMP/MC 的值为 0,DSP 工作于微计算机模式。再打开源文件 DSP28_PieCtrl.c,可以看到语句:"PieCtrl. PIECTRL.1bit. ENPIE= I;",即在初始化 PIE 时,将 ENPIE 的值设为了 1。综合上述分析,在 PIE 级编程时需要手动处理的有:

(1) PIE 中断的使能,需要使能某个外设中断,就要将其相应组的使能寄存器 PIEIERx 的相应位进行置位。

(2) PIE 中断的屏蔽和使能操作相反。

(3) 清除 PIE 应答寄存器 PIEACK 相关位,以使 CPU 能够响应同组内的其他中断。

5) 外中断应答寄存器

F28335 支持的外部中断有 XINT1～XINT7 中断和 XINT13 中断。XINT1～ XINT7 中断要经过 PIE 模块管理,而 XINT13 中断与不可屏蔽中断 NMI 共用引脚,功能选择由控制寄存器 XNMICR 实现。如果选择 XINT13 时,该中断使用 CPU 的 INT13 中断(属于可屏蔽中断)。

外部中断控制寄存器 XINTnCR($n=1\sim7$)和外部 NMI 中断控制寄存器 XNMICR 的位定义分别如图 3-11 和图 3-12 所示。

Polarity 位是触发中断控制位,00 表示下降沿,01 表示上升沿,02 表示上升或下降沿。位 0 是中断使能或禁止控制位,0 表示禁止,1 表示使能。

15						8
			保留			
			R-0			

7		4 | 3	2	1	0
保留		Polarity		保留	Enable
R-0		R/W-0		R/W-0	R/W-0

图 3-11　XINTnCR 的位定义

如果不用非屏蔽中断,而用 XINT13 外中断,可以将 XNMICR 寄存器的位 0 设为 0,这时 XNMI_XINT13 对应引脚就配置为 XINT13 的功能,此时要将位 1 置 1。XNMICR 寄存器的位定义如图 3-12 所示。Polarity 位的定义同 XINTnCR 寄存器中 Polarity 位的定义。

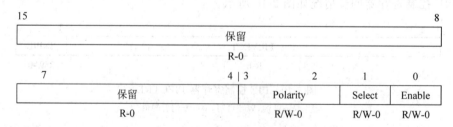

15						8
			保留			
			R-0			

7		4 | 3	2	1	0
保留		Polarity		Select	Enable
R-0		R/W-0		R/W-0	R/W-0

图 3-12　XNMICR 的位定义

3.4 CPU 定时器 0 中断及应用

3.4.1 定时器中断途径

虽然三个 CPU 定时器的工作原理基本相同,但它们向 CPU 申请中断的途径不一样,三个 CPU 定时器的中断途径如图 3-13 所示。定时器 2 的中断申请直接送到 CPU级;定时器 1 的中断申请经过多路选择器后才能送到 CPU 级;定时器 0 的中断申请要经过 PIE 级才能送到 CPU 级。

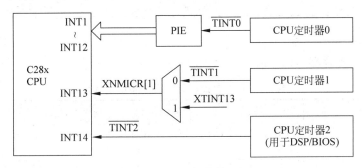

图 3-13 定时器中断途径

3.4.2 定时器相关寄存器

CPU 定时器的相关寄存器说明见表 3-5。

表 3-5 定时器相关寄存器

地　址	寄存器	名　称
0x0000 0C00	TIMER0TIM	Timer0,计数寄存器低
0x0000 0C01	TIMER0TIMH	Timer0,计数寄存器高
0x0000 0C02	TIMER0PRD	Timer0,周期寄存器低
0x0000 0C03	TIMER0PRDH	Timer0,周期寄存器高
0x0000 0C04	TIMER0TCR	Timer0,控制寄存器
0x0000 0C05	保留	
0x0000 0C06	TIMER0TPR	Timer0,预定标寄存器
0x0000 0C07	TIMER0TPRH	Timer0,预定标寄存器高
0x0000 0C08	TIMER1TIM	Timer1,计数寄存器低
0x0000 0C09	TIMER1TIMH	Timer1,计数寄存器高
0x0000 0C0A	TIMER1PRD	Timer1,周期寄存器低
0x0000 0C0B	TIMER1PRDH	Timer1,周期寄存器高
0x0000 0C0C	TIMER1TCR	Timer1,控制寄存器
0x0000 0C0D	保留	

续表

地 址	寄存器	名 称
0x0000 0C0E	TIMER1TPR	Timer1，预定标寄存器
0x0000 0C0F	TIMER1TPRH	Timer1，预定标寄存器高
0x0000 0C10	TIMER2TIM	Timer2，计数寄存器低
0x0000 0C11	TIMER2TIMH	Timer2，计数寄存器高
0x0000 0C12	TIMER2PRD	Timer2，周期寄存器低
0x0000 0C13	TIMER2PRDH	Timer2，周期寄存器高
0x0000 0C14	TIMER2TCR	Timer2，控制寄存器
0x0000 0C15	保留	
0x0000 0C16	TIMER2TPR	Timer2，预定标寄存器
0x0000 0C17	TIMER2TPRH	Timer2，预定标寄存器高

1）定时器控制寄存器

定时器控制寄存器 TIMERxTCR 的位说明见表 3-6。

表 3-6   定时器控制寄存器 TIMERxTCR

位	名 称	说 明
15	TIF	CPU 定时器中断标志位。计数器减到 0 时置 1。该位写 1 清 0，写 0 无影响
14	TIE	CPU 定时器中断使能位。该位置 1 时，若计数器减到 0，则定时器中断生效
13、12	Reserved	保留
11、10	FREE、SOFT	CPU 定时器仿真模式位 00：遇到断点后，定时器在 TIMH：TIM 计数器下次减到 1 后停止（hard stop） 01：遇到断点后，定时器在 TIMH：TIM 计数器减到 0 后才停止（soft stop） 1X：遇到断点后，定时器运行不受影响
9～6	Reserved	保留
5	TRB	CPU 定时器重载控制位。向该位写 0，无影响；写 1，产生重载动作
4	TSS	CPU 定时器启停控制位。向该位写 0，定时器启动；写 1，定时器停止
3～0	Reserved	保留

2）定时器计数寄存器

定时器计数寄存器 TIMERxTIMH 和 TIMERxTIM(x＝0、1、2)的位定义如图 3-14 所示。

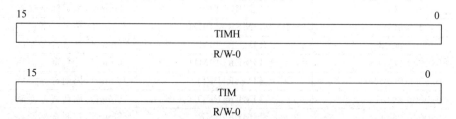

图 3-14   TIMERxTIMH 和 TIMERxTIM 的位定义

定时器周期寄存器 TIMERxPRDH 和 TIMERxPRD($x=0$、1、2)的位定义如图 3-15 所示。

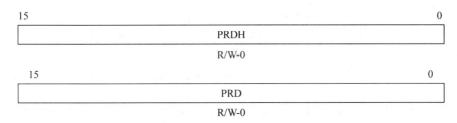

15		0
	PRDH	
	R/W-0	

15		0
	PRD	
	R/W-0	

图 3-15　TIMERxPRDH 和 TIMERxPRD 的位定义

3)定时器预定标寄存器

定时器预定标寄存器 TIMERxTPR(H)($x=0$、1、2)的位定义如图 3-16 所示。对该寄存器各位的说明见表 3-7。它们的高 8 位组合成 16 位的预定标计数器 PSCH:PSC,低 8 位组合成 16 位的定时器分频寄存器 TDDRH:TDDR。

15	8 | 7	0
PSC		TDDR
R-0		R/W-0

15	8 | 7	0
PSCH		TDDRH
R-0		R/W-0

图 3-16　定时器预定标寄存器 TIMERxTPR(H)

表 3-7　预定标寄存器 TIMERxTPR(H)功能描述

位	字　段	功能描述
15～8	PSC	预定标计数器低 8 位
7～0	TDDR	定时器分频器低 8 位
15～8	PSCH	预定标计数器高 8 位
7～0	TDDRH	定时器分频器高 8 位

每来一个系统时钟,预定标计数器 PSCH:PSC 的值减 1,直到其值为 0 时,TIMH:TIM 的值减 1。同时,定时器分频寄存器 TDDRH:TDDR 的值会装入预定标计数器 PSCH:PSC。即每隔 TDDRH:TDDR+1 个系统时钟周期,TIMH:TIM 的值减 1,当 TIMH:TIM 的值减到 0 时,定时器计数寄存器 TIMH:TIM 会重新装载定时器周期寄存器 PRDH:PRD 的值,同时产生定时器中断信号。

3.4.3　CPU 定时器 0 中断应用实例

【例 3-1】　指示灯的硬件接线原理图如图 3-17 所示。要求实现两只指示灯定时 1s 的周期闪亮。

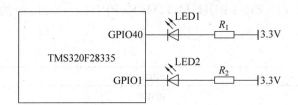

图 3-17   指示灯的硬件接线原理图

为了便于理解和掌握定时器 0 周期中断的应用,以指示灯为例来说明 CPU 定时器 0 中断的基本设置步骤。程序如下。

```
# include "DSP2833x_Device.h"                //DSP2833x Headerfile Include File
# include "DSP2833x_Examples.h"              //DSP2833x Examples Include File

interrupt void cputimer0_isr(void);          //CPU 定时器 0 的中断子程序函数声明
void Gpio_select(void);
# define LED1 GpioDataRegs.GPADAT.bit.GPIO40  //LED 代表 GPIO40 引脚
# define LED2 GpioDataRegs.GPADAT.bit.GPIO1   //LED 代表 GPIO1 引脚


void main(void)
{
    InitSysCtrl();                           //初始化系统控制
    DINT;                                    //关总中断
    InitPieCtrl();                           //初始化外设 PIE 模块控制寄存器为默认状态
    IER = 0x0000;                            //禁止所有 CPU 中断使能
    IFR = 0x0000;                            //清除所有 CPU 中断标志位
    InitPieVectTable();                      //初始化 PIE 中断向量表
    EALLOW;                                  //对写保护的寄存器进行操作
    PieVectTable.TINT0 = &cputimer0_isr;     //把中断服务程序 cputimer0_isr 的入口地址
                                             //赋给 TINT0
    EDIS;               //禁止 DSP 受保护寄存器的读写功能,即恢复受保护寄存器的被保护状态
    InitCpuTimers();                         //初始化 CPU 定时器
    ConfigCpuTimer(&CpuTimer0, 150, 1000000); //对 CPU 定时器 0 的定时周期为 1s
    CpuTimer0Regs.TCR.all = 0x4001;          //启动定时器 0
    IER |= M_INT1;                           //开 CPU 中断 1
    PieCtrlRegs.PIEIER1.bit.INTx7 = 1;       //使能 PIE 中断向量组的 TINT0 中断
    Gpio_select();
    EINT;                                    //使能全局中断
    ERTM;                                    //使能实时中断
    while(1)
    {
    }
}
interrupt void cputimer0_isr(void)           //CPU 定时器 0 中断子程序
{
    CpuTimer0.InterruptCount++;
    PieCtrlRegs.PIEACK.all = PIEACK_GROUP1;  //应答本中断,以便接收本组其他中断
    CpuTimer0Regs.TCR.bit.TIF = 1;           //定时时间到,标志位置位,清除中断标志位
```

```
    CpuTimer0Regs.TCR.bit.TRB = 1;              //重载 Timer0 的定时数据
        LED1 = ~ LED1;
        DELAY_US(50000);                         //延时 50ms
        LED2 = ~ LED2;
        DELAY_US(50000);
    }

void Gpio_select(void)
{
    EALLOW;
    GpioCtrlRegs.GPBMUX1.bit.GPIO40 = 0;        //GPIO40 为通用的 I/O 口
    GpioCtrlRegs.GPAMUX1.bit.GPIO1 = 0;         //GPIO1 为通用的 I/O 口
    GpioCtrlRegs.GPBDIR.bit.GPIO40 = 1;         //GPIO40 为输出口
    GpioCtrlRegs.GPADIR.bit.GPIO1 = 1;          //GPIO1 为输出口
    EDIS;
}
```

习题及思考题

（1）简述中断响应和处理过程。

（2）简述定时器的结构和功能。

（3）CPU 定时器中断的设置过程。

CHAPTER 4

GPIO 通用输入/输出寄存器

输入的二进制信息(数字量)要被 CPU 处理,就需要两者之间有交换接口,如果交换接口用作通用目的数字量的输入/输出,就被称为通用数字量输入/输出接口,简称 GPIO。DSP 就是通过 GPIO 通用输入/输出引脚来与外界交换信息的。F2833x 系列 DSP 提供了 88 个 GPIO 引脚,它们分成了 A、B、C 三个组,A 组由 GPIO0~GPIO31 组成,B 组由 GPIO32~GPIO63 组成,C 组由 GPIO64~GPIO87 组成。这些引脚都复用了多个功能,既可以用作通用 I/O 接口实现一般的数字信号输入/输出,也可以专门用作片内外设接口,例如 SCI、SPI 和 CAN 等的功能引脚,提高了 DSP 芯片的引脚利用率。本章将详细介绍 GPIO 的工作原理及相关的寄存器。

4.1 GPIO 工作原理

F28335 的 88 个 GPIO 引脚,在同一时刻,每个引脚只能使用该引脚的一个功能,究竟工作于哪个功能,要通过 GPIOMUX 寄存器(多路复用寄存器)配置每个引脚的具体功能(通用数字量 I/O 或者外设专用功能),这些引脚的第一功能都是通用输入/输出即数字量 I/O 模式。如果将这些引脚配置为通用输入/输出,要通过方向寄存器 GPxDIR 配置数字量 I/O 的方向,即该 GPIO 引脚是作为输入引脚还是作为输出引脚。如果作为输入引脚,通过量化寄存器 GPxQUAL 可以对输入信号进行量化限制,从而消除数字量 I/O 引脚的噪声干扰。图 4-1 为 A 组的 GPIO 复用原理图。

图 4-1 中,GPIO0~GPIO27 为 GPIO 引脚,其上方的 PU(PULL UP)表示上拉,可以通过上拉寄存器 GPAPUD 进行上拉的允许或禁止(0 表示允许,1 表示禁止)。引脚的功能选择由多路选择寄存器进行配置,F28335 有 6 个多路复用寄存器,都是 32 位的,每两位对应一个引脚,如果某个多路复用寄存器的某两位配置为 00(复位时均默认为 00),对应的引脚功能就是通用的 I/O 引脚;如果不是 00,对应的引脚功能就是外设功能。

当引脚配置为通用的 I/O 引脚功能时,要通过设置方向控制寄存器 GPxDIR(x = A、B、C,共 3 个)控制数据传送的方向(0 表示输入,1 表示输出,默认值为 0),可以通过下面的 4 种方式对 GPIO 引脚进行操作。

(1) 通过 GPxDAT 寄存器对 GPIO 引脚进行独立的读写信号。

(2) 利用 GPxSET 寄存器对某位写 1(写 0 无效),则相应的引脚置为高电平。

(3) 利用 GPxCLEAR 寄存器对某位写 1(写 0 无效),则相应的引脚置为低电平。

(4) 利用 GPxTOGGLE 寄存器对某位写 1(写 0 无效),则相应的引脚电平取反,即

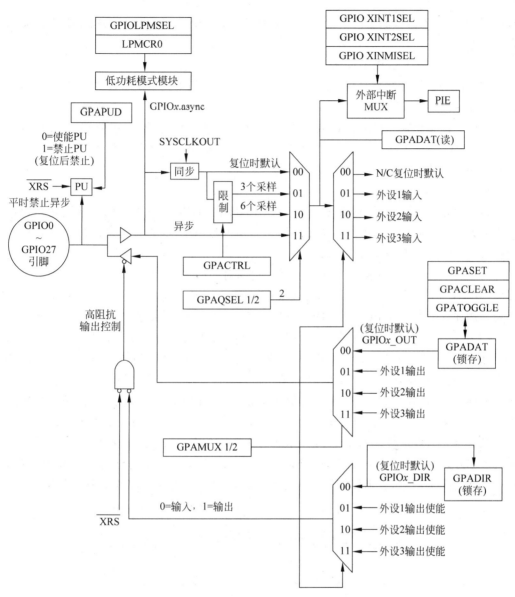

图 4-1　A 组 GPIO 复用原理图

原来为高电平,则变为低电平;原来为低电平,则变为高电平。

当方向寄存器设置为输入时,仅用到上面的 GPxDAT 寄存器;当方向寄存器设置为输出时,可以用到上面的所有寄存器。

4.2　GPIO 的输入限制

GPIO 的 A 口和 B 口具有输入限制功能,可分别通过 2 个输入量化控制寄存器 GPxCTRL 和 4 个量化选择寄存器 GPxQSEL1/2(x＝A、B)来限定输入信号的最小脉冲宽度,从而去除不希望的噪声干扰。用户通过四个选择寄存器来选择 GPIO 引脚的输入限制类型。

1) 仅与 SYSCLKOUT 同步

这是所有引脚复位时的默认模式,只是将输入信号同步到系统时钟 SYSCLKOUT。

2) 输入异步

该模式用于无须同步的外设或外设自身具有信号同步功能,如通信端口 SCI、SPI、eCAN 和 I^2C,不需要同步采样频率,外设本身就有异步的采样频率。如果引脚是 GPIO,则异步功能失效。

3) 用采样窗限制

在该模式中,输入信号与系统时钟 SYSCLKOUT 同步后,在允许输入改变之前通过设定的数个采样周期进行限制。为了去除不希望的噪声干扰,在该类型限制中需要指定两种参数——采样周期和采样数。

(1) 采样周期。输入信号采样要经过一定的时间间隔,这个间隔就是采样周期。采样周期由 $GPxCTRL$ 寄存器内的 $QUALPRDn$ 位来指定,将输入引脚 0~31 指定为采样周期。例如,GPIO0~GPIO7 由 GPACTRL[QUALPRD0]位来设置。

(2) 采样数。在限制选择寄存器 GPAQSEL1、GPAQSEL2、GPBQSEL1 和 GPBQSEL2 中信号采样次数被设定为 3 个或 6 个采样周期,当有 3 个或 6 个连续采样周期采样值相同时,输入信号才被 DSP 采集。输入限制的实现过程如图 4-2 所示。

采样周期由 $GPxCTRL$ 寄存器的值来决定,图 4-2 中的 QUALPRD 就是限定后的采样周期。采样窗为 6 次采样(即 5 个采样周期),输入信号只有在 6 个被采样的值相同时才被认为是有效信号。如图 4-2 所示,当对输入信号连续采样到 6 个相同的低电平时,量化输出才认为是低电平,也就是 DSP 才识别为低电平;连续采样到 6 个高电平时,DSP 才识别为高电平,否则保持原来状态不变,这样就有效地去除了中间的干扰噪声。

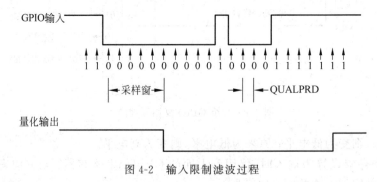

图 4-2   输入限制滤波过程

4.3   GPIO 寄存器及功能

GPIO 的寄存器按照功能可分为控制类寄存器、数据类寄存器和中断类寄存器。GPIO 的控制类寄存器列表见表 4-1。

表 4-1　GPIO 控制类寄存器

名　　　称	地址	大小(×16)	寄存器描述
GPACTRL	0x6F80	2	GPIO A 控制寄存器(GPIO0~GPIO31)
GPAQSEL1	0x6F82	2	GPIO A 输入限定选择寄存器1(GPIO0~GPIO15)
GPAQSEL2	0x6F84	2	GPIO A 输入限定选择寄存器2(GPIO16~GPIO31)
GPAMUX1	0x6F86	2	GPIO A 功能选择控制寄存器1(GPIO0~GPIO15)
GPAMUX2	0x6F88	2	GPIO A 功能选择控制寄存器2(GPIO16~GPIO31)
GPADIR	0x6F8A	2	GPIO A 方向控制寄存器(GPIO0~GPIO31)
GPAPUD	0x6F8C	2	GPIO A 上拉控制寄存器(GPIO0~GPIO31)
GPBCTRL	0x6F90	2	GPIO B 控制寄存器(GPIO32~GPIO63)
GPBQSEL1	0x6F92	2	GPIO B 输入限定选择寄存器1(GPIO32~GPIO47)
GPBQSEL2	0x6F94	2	GPIO B 输入限定选择寄存器2(GPIO48~GPIO63)
GPBMUX1	0x6F96	2	GPIO B 功能选择控制寄存器1(GPIO32~GPIO47)
GPBMUX2	0x6F98	2	GPIO B 功能选择控制寄存器2(GPIO48~GPIO63)
GPBDIR	0x6F9A	2	GPIO B 方向控制寄存器(GPIO32~GPIO63)
GPBPUD	0x6F9C	2	GPIO B 上拉控制寄存器(GPIO32~GPIO63)
GPBMUX1	0x6FA6	2	GPIO C 功能选择控制寄存器1(GPIO64~GPIO79)
GPBMUX2	0x6FA8	2	GPIO C 功能选择控制寄存器2(GPIO80~GPIO87)
GPCDIR	0x6FAA	2	GPIO C 方向控制寄存器(GPIO64~GPIO87)
GPCPUD	0x6FAC	2	GPIO C 上拉控制寄存器(GPIO64~GPIO87)

1) GPIO 控制类寄存器

(1) GPIO 多路复用寄存器。F2833x DSP 为用户提供了 88 个通用的数字 I/O 引脚,这些引脚基本都是多功能复用引脚。这些引脚既可以作为 DSP 片内外设,也可以作为通用的数字 I/O 口。

F2833x 的通用输入/输出多路复用寄存器就是 I/O 引脚的管理机构,它将 88 个引脚分成 A、B、C 3 个组进行管理。其中,A 组有 32 个引脚,即 GPIO0~GPIO31;B 组有 32 个引脚,即 GPIO32~GPIO63;C 组的引脚为 GPIO64~GPIO87。每个引脚都复用了多个功能,需要通过 GPIO MUX(多路复用寄存器)配置每个引脚的具体功能。GPIOA MUX 寄存器、GPIOB MUX 寄存器和 GPIOC MUX 寄存器各位功能表见表 4-2~表 4-4。

表 4-2　GPIOA MUX 寄存器

寄存器位	(默认)复位时 第 1 位 I/O 功能	外设选择1	外设选择2	外设选择3
GPAMUX1 寄存器位	GPAMUX1 位=00	GPAMUX1 位=01	GPAMUX1 位=10	GPAMUX1 位=11
1、0	GPIO0	EPWM1A(O)	保留	保留
3、2	GPIO1	EPWM1B(O)	ECAP6 (I/O)	MFSRB(I/O)
5、4	GPIO2	EPWM2A(O)	保留	保留
7、6	GPIO3	EPWM2B(O)	ECAP5(I/O)	MCLKRB(I/O)
9、8	GPIO4	EPWM3A(O)	保留	保留

续表

寄存器位	（默认）复位时第 1 位 I/O 功能	外设选择 1	外设选择 2	外设选择 3
11、10	GPIO5	EPWM3B(O)	MFSRA(I/O)	ECAP1 (I/O)
13、12	GPIO6	EPWM4A(O)	EPWMSYNCI(I/O)	EPWMSYNCO(O)
15、14	GPIO7	EPWM4B(O)	MCLKRA(I/O)	ECAP2(I/O)
17、16	GPIO8	EPWM5A(O)	CANTXB(O)	$\overline{\text{ADCSOCAO}}$(O)
19、18	GPIO9	EPWM5B(O)	SCITXDB(O)	ECAP3(I/O)
21、20	GPIO10	EPWM6A(O)	CANRXB(I)	$\overline{\text{ADCSOCBO}}$(O)
23、22	GPIO11	EPWM6B(O)	SCIRXDB(I)	ECAP4(I/O)
25、24	GPIO12	$\overline{\text{TZ1}}$(I)	CANTXB(O)	MDXB(O)
27、26	GPIO13	$\overline{\text{TZ2}}$(I)	CANRXB(I)	MDRB(I)
29、28	GPIO14	$\overline{\text{TZ3}}$/XHOLD(I)	SCITXDB(O)	MCLKXB(I/O)
31、30	GPIO15	$\overline{\text{TZ4}}$/XHOLDA(O)	SCIRXDB(I)	MFSXB(I/O)
GPAMUX2 寄存器位	GPAMUX2 位＝00	GPAMUX2 位＝01	GPAMUX2 位＝10	GPAMUX2 位＝11
1、0	GPIO16	SPISIMOA(I/O)	CANTXB(O)	$\overline{\text{TZ5}}$(I)
3、2	GPIO17	SPISOMIA(I/O)	CANRXB(I)	$\overline{\text{TZ6}}$(I)
5、4	GPIO18	SPICLKA(I/O)	SCITXDB(O)	CANRXA(I)
7、6	GPIO19	$\overline{\text{SPISTEA}}$(I/O)	SCIRXDB(I)	CANTXA(O)
9、8	GPIO20	EQEP1A(I)	MDXA(O)	CANTXB(O)
11、10	GPIO21	EQEP1B(I)	MDRA(I)	CANRXB(I)
13、12	GPIO22	EQEPIS(I/O)	MCLKXA(I/O)	SCITXDB(O)
15、14	GPIO23	EQEP1I(I/O)	MFSXA(I/O)	SCIRXDB(I)
17、16	GPIO24	ECAP1(I/O)	EQEP2A(I)	MDXB(O)
19、18	GPIO25	ECAP2(I/O)	EQEP2B(I)	MDRB(I)
21、20	GPIO26	ECAP3(I/O)	EQEP2I(I/O)	MCLKXB(I/O)
23、22	GPIO27	ECAP4(I/O)	EQEP2S(I/O)	MFSXB(I/O)
25、24	GPIO28	SCIRXDA(I)	$\overline{\text{XZCS6}}$(O)	$\overline{\text{XZCS6}}$(O)
27、26	GPIO29	SCITXDA(O)	XA19(O)	XA19(O)
29、28	GPIO30	CANRXA(I)	XA18(O)	XA18(O)
31、30	GPIO31	CANTXA(O)	XA17(O)	XA17(O)

表 4-3　GPIOB MUX 寄存器

寄存器位	（默认）复位时第 1 位 I/O 功能	外设选择 1	外设选择 2	外设选择 3
GPBMUX1 寄存器位	GPBMUX1 位＝00	GPBMUX1 位＝01	GPBMUX1 位＝10	GPBMUX1 位＝11
1、0	GPIO32(I/O)	SDAA(I/OC)	EPWMSYNCI(I)	$\overline{\text{ADCSOCAO}}$(O)
3、2	GPIO33(I/O)	SCLA(I/OC)	EPWMSYNCO(O)	$\overline{\text{ADCSOCBO}}$(O)

续表

寄存器位	（默认）复位时第 1 位 I/O 功能	外设选择 1	外设选择 2	外设选择 3
5、4	GPIO34(I/O)	ECAP1(I/O)	XREADY(I)	XREADY(I)
7、6	GPIO35(I/O)	SCITXDA(O)	XR/$\overline{\text{W}}$(O)	XR/$\overline{\text{W}}$(O)
9、8	GPIO36(I/O)	SCIRXDA(I)	$\overline{\text{XZCSO}}$(O)	$\overline{\text{XZCSO}}$(O)
11、10	GPIO37(I/O)	ECAP2(I/O)	$\overline{\text{XZCS7}}$(O)	$\overline{\text{XZCS7}}$(O)
13、12	GPIO38(I/O)	保留	$\overline{\text{XWEO}}$(O)	$\overline{\text{XWEO}}$(O)
15、14	GPIO39(I/O)	保留	XA16(O)	XA16(O)
17、16	GPIO40(I/O)	保留	XAO/$\overline{\text{XWEI}}$(O)	XAO/$\overline{\text{XWEI}}$(O)
19、18	GPIO41(I/O)	保留	XA1(O)	XA1(O)
21、20	GPIO42(I/O)	保留	XA2(O)	XA2(O)
23、22	GPIO43(I/O)	保留	XA3(O)	XA3(O)
25、24	GPIO44(I/O)	保留	XA4(O)	XA4(O)
27、26	GPIO45(I/O)	保留	XA5(O)	XA5(O)
29、28	GPIO46(I/O)	保留	XA6(O)	XA6(O)
31、30	GPIO47(I/O)	保留	XA7(O)	XA7(O)
GPBMUX2 寄存器位	GPBMUX2 位＝00	GPBMUX2 位＝01	GPBMUX2 位＝10	GPBMUX2 位＝11
1、0	GPIO48(I/O)	ECAP5(I/O)	XD31(I/O)	XD31(I/O)
3、2	GPIO49(I/O)	ECAP6(I/O)	XD30(I/O)	XD30(I/O)
5、4	GPIO50(I/O)	EQEP1A(I)	XD29(I/O)	XD29(I/O)
7、6	GPIO51(I/O)	EQEP1B(I)	XD28(I/O)	XD28(I/O)
9、8	GPIO52(I/O)	EQEPIS(I/O)	XD27(I/O)	XD27(I/O)
11、10	GPIO53(I/O)	EQEP1I(I/O)	XD26(I/O)	XD26(I/O)
13、12	GPIO54(I/O)	SPISIMOA(I/O)	XD25(I/O)	XD25(I/O)
15、14	GPIO55(I/O)	SPISOMIA(I/O)	XD24(I/O)	XD24(I/O)
17、16	GPIO56(I/O)	SPICLKA(I/O)	XD23(I/O)	XD23(I/O)
19、18	GPIO57(I/O)	$\overline{\text{SPISTEA}}$(I/O)	XD22(I/O)	XD22(I/O)
21、20	GPIO58(I/O)	MCLKRA(I/O)	XD21(I/O)	XD21(I/O)
23、22	GPIO59(I/O)	MFSRA(I/O)	XD20(I/O)	XD20(I/O)
25、24	GPIO60(I/O)	MCLKRB(I/O)	XD19(I/O)	XD19(I/O)
27、26	GPIO61(I/O)	MFSRB(I/O)	XD18(I/O)	XD18(I/O)
29、28	GPIO62(I/O)	SCIRXDC(I)	XD17(I/O)	XD17(I/O)
31、30	GPIO63(I/O)	SCITXDC(O)	XD16(I/O)	XD16(I/O)

表 4-4　GPIOC MUX 寄存器

寄存器位	（默认）复位时第 1 位 I/O 功能	外设选择 1	外设选择 2 或 3
GPCMUX1 寄存器位	GPCMUX1 位＝00	GPCMUX1 位＝01	GPCMUX1 位＝10 或 11
1、0	GPIO64(I/O)	GPIO64(I/O)	XD15(I/O)
3、2	GPIO65(I/O)	GPIO65(I/O)	XD14(I/O)
5、4	GPIO66(I/O)	GPIO66(I/O)	XD13(I/O)
7、6	GPIO67(I/O)	GPIO67(I/O)	XD12(I/O)

续表

寄存器位	(默认)复位时 第 1 位 I/O 功能	外设选择 1	外设选择 2 或 3
9、8	GPIO68(I/O)	GPIO68(I/O)	XD11(I/O)
11、10	GPIO69(I/O)	GPIO69(I/O)	XD10(I/O)
13、12	GPIO70(I/O)	GPIO70(I/O)	XD9(I/O)
15、14	GPIO71(I/O)	GPIO71(I/O)	XD8(I/O)
17、16	GPIO72(I/O)	GPIO72(I/O)	XD7(I/O)
19、18	GPIO73(I/O)	GPIO73(I/O)	XD6(I/O)
21、20	GPIO74(I/O)	GPIO74(I/O)	XD5(I/O)
23、22	GPIO75(I/O)	GPIO75(I/O)	XD4(I/O)
25、24	GPIO76(I/O)	GPIO76(I/O)	XD3(I/O)
27、26	GPIO77(I/O)	GPIO77(I/O)	XD2(I/O)
29、28	GPIO78(I/O)	GPIO78(I/O)	XD1(I/O)
31、30	GPIO79(I/O)	GPIO79(I/O)	XD0(I/O)
GPCMUX2 寄存器位	GPCMUX2 位＝00	GPCMUX2 位＝01	GPCMUX2 位＝10 或 11
1、0	GPIO80(I/O)	GPIO80(I/O)	XA8(O)
3、2	GPIO81(I/O)	GPIO81(I/O)	XA9(O)
5、4	GPIO82(I/O)	GPIO82(I/O)	XA10(O)
7、6	GPIO83(I/O)	GPIO83(I/O)	XA11(O)
9、8	GPIO84(I/O)	GPIO84(I/O)	XA12(O)
11、10	GPIO85(I/O)	GPIO85(I/O)	XA13(O)
13、12	GPIO86(I/O)	GPIO86(I/O)	XA14(O)
15、14	GPIO87(I/O)	GPIO87(I/O)	XA15(O)
31、16	保留	保留	保留

可见,GPAMUX1 用于配置 GPIO0~GPIO15 的引脚复用,GPAMUX2 用于配置 GPIO16~GPIO31 的引脚复用,GPBMUX1 用于配置 GPIO32~GPIO47 的引脚复用,GPBMUX2 用于配置 GPIO48~GPIO63 的引脚复用,GPCMUX1 用于配置 GPIO64~GPIO79 的引脚功能,GPCMUX2 用于配置 GPIO80~GPIO87 的引脚功能。

(2) GPIO 方向寄存器 GPxDIR。当引脚作为通用数字 I/O 口时,是作为输入引脚还是作为输出引脚,是通过对 GPIO 的方向寄存器的设置来实现的。

GPIO 有 3 个方向寄存器,分别是 GPADIR、GPBDIR 和 GPCDIR。每个方向寄存器都是 32 位的,每一位都对应一个引脚,当某位设置为 0(默认)时,对应引脚为输入功能;设置为 1 时,对应引脚为输出功能。GPADIR 寄存器的描述见表 4-5。

表 4-5　GPADIR 寄存器

位	字　段	功　能　描　述
31~0	GOIO31~ GOIO0	当在 GPAMUX1 或 GPAMUX2 寄存器中配置指定引脚为 GPIO 引脚时,GPIOA 端所管理的引脚对应方向控制 0: 配置为 GPIO 引脚为输入引脚(默认) 1: 配置为 GPIO 引脚为输出引脚

GPADIR 寄存器的位对应 GPIO0～GPIO31 引脚。GPBDIR 和 GPCDIR 的位定义
与 GPADIR 的位定义类似,GPBDIR 的位分别对应 GPIO32～GPIO63 引脚,GPCDIR 的
位分别对应 GPIO64～GPIO87 引脚,高 8 位没有用到(保留)。

(3) GPIO 上拉禁止寄存器。GPIO 有 3 个上拉禁止寄存器,用于禁止或允许 GPIO
引脚内部电阻上拉。当复位信号有效时(低电平),只有可以配置成 ePWM 输出的引脚
(GPIO0～GPIO11)内部上拉是禁止的,其他所有引脚的内部上拉电阻处于使能状态。
上拉禁止寄存器 GPAPUD 的位定义如图 4-3 所示。

D31			D12	D11		D0
GPIO31	...	GPIO12	GPIO11	...	GPIO0

图 4-3 GPAPUD 的位定义

上拉禁止寄存器 GPAPUD 的 D0～D11 位对应 GPIO0～GPIO11 引脚,这 12 位默认
为 1(上拉禁止),D12～D31 位对应 GPIO12～GPIO31 引脚,这 20 位默认为 0(上拉使
能)。上拉禁止寄存器 GPBPUD 的位定义与 GPAPUD 的位定义类似,该寄存器的 D0～
D31 位对应 GPIO32～GPIO63 引脚。GPCPUD 的位定义与 GPAPUD 的位定义类似,
该寄存器的 D0～D23 位对应 GPIO64～GPIO87 引脚,这 24 位默认为 0,而该寄存器的
D24～D31 位为系统保留。

(4) GPIO 控制寄存器。GPIO 有 GPACTRL 和 GPBCTRL 两个控制寄存器。
GPACTRL 控制寄存器的位域定义见表 4-6。

表 4-6 GPACTRL 寄存器

位 域	字 段	功 能 描 述
31～24	QUALPRD3	GPIO24～GPIO31 引脚特定的采样周期 0x00 采样周期＝TSYSCLKOUT(系统时钟) 0x01 采样周期＝2 * TSYSCLKOUT(系统时钟) …… 0xFF 采样周期＝510 * TSYSCLKOUT(系统时钟)
23～16	QUALPRD2	GPIO16～GPIO23 引脚特定的采样周期 具体配置同上
15～8	QUALPRD1	GPIO08～GPIO15 引脚特定的采样周期 具体配置同上
7～0	QUALPRD0	GPIO00～GPIO07 引脚特定的采样周期 具体配置同上

控制寄存器设置采样窗的宽度,为了限制输入信号,输入信号采样要间隔一定的周
期。采样周期由 QUALPRDn 位来设定,QUALPRD3 设定引脚 GPIO24～GPIO31 的采
样周期,QUALPRD2 设定引脚 GPIO16～GPIO23 的采样周期,QUALPRD1 设定引脚
GPIO8～GPIO15 的采样周期,QUALPRD0 设定引脚 GPIO0～GPIO7 的采样周期。
B 组的 GPIO 设置与此相同,只是对应的引脚分别为 GPIO56～GPIO63、GPIO48～
GPIO55、GPIO40～GPIO47 和 GPIO32～GPIO39。

（5）GPIO 选择限制寄存器。GPIO 有 4 个选择限制寄存器，即 GPAQSEL1、GPAQSEL2、GPBQSEL1 和 GPBQSEL2，这 4 个寄存器是用来设置采样数的，采样数可以被设定为 3 个采样周期或 6 个采样周期，当连续 3 个或 6 个采样周期所采集的数值相同时，输入信号才被 DSP 采集。GPAQSEL1 寄存器的位定义见表 4-7。

表 4-7　GPAQSEL1 寄存器

位	字　段	功 能 描 述
31～0	GPIO15～GPIO0	对 GPIO15～GPIO0 选择输入限定 00：仅与系统时钟同步。引脚配置为外设与 GPIO 都有效 01：采用 3 个采样周期宽度限制。引脚配置为外设与 GPIO 都有效 10：采用 6 个采样周期宽度限制。引脚配置为外设与 GPIO 都有效 11：无同步及采样窗限定。该选项仅应用于配置为外设的引脚。如果引脚配置为 GPIO 引脚，该选项与 00 相同，就是与系统时钟同步

GPAQSEL2、GPBQSEL1 和 GPBQSEL2 的位定义与 GPAQSEL1 的位定义类似，只是引脚分别变为 GPIO31～GPIO16、GPIO47～GPIO32 和 GPIO63～GPIO48。

2）GPIO 数据类寄存器

GPIO 数据类寄存器见表 4-8。

表 4-8　GPIO 数据类寄存器(不受 EALLOW 保护)

名　称	地　址	大小(×16)	寄存器描述
GPADAT	0x6FC0	2	GPIOA 数据寄存器(GPIO0～GPIO31)
GPASET	0x6FC2	2	GPIOA 置位寄存器(GPIO0～GPIO31)
GPACLEAR	0x6FC4	2	GPIOA 清零寄存器(GPIO0～GPIO31)
GPATOGGLE	0x6FC6	2	GPIOA 翻转寄存器(GPIO0～GPIO31)
GPBDAT	0x6FC8	2	GPIOB 数据寄存器(GPIO32～GPIO63)
GPBSET	0x6FCA	2	GPIOB 置位寄存器(GPIO32～GPIO63)
GPBCLEAR	0x6FCC	2	GPIOB 清零寄存器(GPIO32～GPIO63)
GPBTOGGLE	0x6FCE	2	GPIOB 翻转寄存器(GPIO32～GPIO63)
GPCDAT	0x6FD0	2	GPIOC 数据寄存器(GPIO64～GPIO87)
GPCSET	0x6FD2	2	GPIOC 置位寄存器(GPIO64～GPIO87)
GPCCLEAR	0x6FD4	2	GPIOC 清零寄存器(GPIO64～GPIO87)
GPCTOGGLE	0x6FD6	2	GPIOC 翻转寄存器(GPIO64～GPIO87)

（1）数据寄存器 GPxDAT。数据寄存器有 3 个，通常用于读取引脚的当前状态。GPADAT 的位定义如图 4-4 所示。引脚设置为输出方式时，向 GPADAT 相应位写入 0 或 1，引脚作相应响应；读 GPADAT 的相应位，则读取引脚的当前状态。

GPBDAT 和 GPCDAT 的位定义与 GPADAT 的位定义类似，只是引脚变为 GPIO32～GPIO63 和 GPIO64～GPIO87。高 8 位保留。

（2）置位寄存器 GPxSET。置位寄存器有 3 个，用于使引脚置 1。当该寄存器相应

图 4-4　GPADAT 的位定义

位写 1 时,相应输出锁存为高电平,如果引脚为 GPIO 输出,则引脚输出为高电平;如果引脚为外设方式,锁存为高电平,但引脚不会被驱动。写 0 无效。GPASET 的位定义如图 4-5 所示。

图 4-5　GPASET 的位定义

GPBSET 和 GPCSET 的位定义与 GPASET 的位定义类似,只是引脚变为 GPIO32~GPIO63 和 GPIO64~GPIO87。高 8 位保留。

(3) 清零寄存器 GPxCLEAR。清零寄存器有 3 个,用于使引脚清 0。GPACLEAR 的位定义与 GPASET 的位定义类似。当该寄存器相应位写 1 时,相应输出锁存为低电平,如果引脚为 GPIO 输出,则引脚输出为低电平;如果引脚为外设方式,锁存为低电平,但引脚不会被驱动。写 0 无效。GPACLEAR 的控制引脚为 GPIO0~GPIO31。

GPBCLEAR 和 GPCCLEAR 的位定义与 GPACLEAR 的位定义类似,只是引脚变为 GPIO32~GPIO63 和 GPIO64~GPIO87。高 8 位保留。

(4) 触发寄存器 GPxTOGGLE。触发寄存器有 3 个,用于使引脚状态翻转。GPATOGGLE 的位定义与 GPASET 的位定义类似。当该寄存器相应位写 1 时,相应输出锁存值发生翻转,如果引脚为 GPIO 输出,则引脚输出电平发生翻转;如果引脚为外设方式,锁存值翻转,但引脚不会被驱动。写 0 无效。GPATOGGLE 的控制引脚为GPIO0~GPIO31。

GPBTOGGLE 和 GPCTOGGLE 的位定义与 GPATOGGLE 的位定义类似,只是引脚变为 GPIO32~GPIO63 和 GPIO64~GPIO87。高 8 位保留。

3) 中断类寄存器

F2833x 一共有 88 个 GPIO,分为 3 组,分别是 A、B、C。其中 A 组 GPIO 可以通过软件配置为外部中断 1、2 以及 NMI 功能,B 组 GPIO 可以通过软件配置为外部中断 3、4、5、6、7 功能,而 C 组的 GPIO 不能配置为中断功能。GPIO 的中断选择寄存器的位定义如图 4-6 所示。GPIO 的中断选择和配置寄存器见表 4-9。

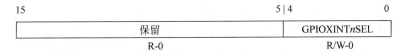

图 4-6　GPIOXINTn XNMI 中断选择寄存器

GPIOXINTnSEL 为外部中断源选择寄存器 $n(n=1\sim7)$,GPIONMISEL 为不可屏蔽中断源选择寄存器。

表 4-9　中断选择和配置寄存器

n	中断	中断选择寄存器	配置寄存器
1	XINT1	GPIOXINT1SEL	XINT1CR
2	XINT2	GPIOXINT2SEL	XINT2CR
3	XINT3	GPIOXINT3SEL	XINT3CR
4	XINT4	GPIOXINT4SEL	XINT4CR
5	XINT5	GPIOXINT5SEL	XINT5CR
6	XINT6	GPIOXINT6SEL	XINT6CR
7	XINT7	GPIOXINT7SEL	XINT7CR

如果将某 GPIO 配置为外部中断功能,那么设置步骤如下。

(1) 将数字量 I/O 配置为 GPIO 功能。

(2) 将数字量 I/O 配置为输入方向。

(3) 将数字量 I/O 量化配置正确。

(4) 利用外部中断选择寄存器选择相应的引脚为外部中断源。

(5) 为此 GPIO 触发信号设置极性、上升沿、下降沿或者双边沿。

(6) 使能外部中断。

4.4　GPIO 应用实例

【**例 4-1**】　编写程序控制发光二极管的点亮和熄灭。当按键按下一次,发光二极管点亮;再一次按下按键,发光二极管熄灭,以上动作可重复。硬件接线原理图如图 4-7 所示。

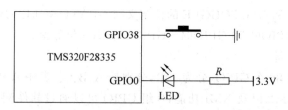

图 4-7　按键和 LED 的硬件接线原理图

1) 硬件原理说明

硬件原理图上 DSP 的 GPIO0 引脚通过限流电阻与一个发光二极管相连,当 GPIO0 为低电平时,LED 被点亮;当 GPIO0 为高电平时,LED 熄灭。按键接在了 GPIO38 引脚,当此引脚被配置为外部中断引脚后,边沿脉冲就可以触发该外部中断。因此要配置 GPIO0 和 GPIO38 为通用 I/O 口,GPIO0 为输出,GPIO38 为输入。初始化时可先关闭 LED,所以需向置位寄存器写 1 置位。

2）程序说明

F28335 的 I/O 引脚是多功能复用的，利用 GPAMUX1 寄存器对 GPIO0 进行设置，利用 GPBMUX1 寄存器对 GPIO38 进行设置，就可以把 GPIO0 和 GPIO38 设置为通用的数字量输入/输出功能（I/O 功能）。同时需要通过 GPADIR 寄存器和 GPBDIR 寄存器分别将 GPIO0 设置为输出口，将 GPIO38 设置为输入口。为了使程序直观、方便，采用宏定义方式。编写的应用程序内容如下。

```
# include "DSP2833x_Device. h"          //DSP2833x Headerfile Include File
# include "DSP2833x_Examples. h"        //DSP2833x Examples Include File
# define LED GpioDataRegs.GPATOGGLE.bit.GPIO0 = 1;   //LED 代表 GPIO0 引脚
   //LED 代表 GPIO38 引脚
void InitGPIO(void);
interrupt void ISRExint();
Uint16 sign;

void main(void)
{
    InitSysCtrl();
    InitXintf16Gpio();
    DINT;
    InitPieCtrl();                      //初始化所有外设的 PIE 控制寄存器为默认状态
    IER = 0x0000;
    IFR = 0x0000;
    InitPieVectTable();                 //初始化中断向量表
    EALLOW;   //This is needed to write to EALLOW protected registers
    PieVectTable.XINT4 = &ISRExint;     //通知外部中断 4 的中断入口地址
    EDIS;

    PieCtrlRegs.PIECTRL.bit.ENPIE = 1;  //使能 PIE 相关模块中断
    PieCtrlRegs.PIEIER12.bit.INTx2 = 1; //使能 PIE 中断第 12 组的中断 4(INTx. 2)
    IER | = M_INT12;                    //使能 CPU 中断
    EINT;                               //使能全局中断
    ERTM;
    InitGPIO();
    sign = 0;
    while(1)
    {
    }
}

interrupt void ISRExint(void)
{
    PieCtrlRegs.PIEACK.all = PIEACK_GROUP12;   //0x0800
    LED;
}

void InitGPIO(void)
{
```

```
    EALLOW;
    GpioCtrlRegs.GPAMUX1.bit.GPIO0 = 0;                //GPIO0 为 I/O 功能
    GpioCtrlRegs.GPADIR.bit.GPIO0 = 1;                 //GPIO0 为输出功能
    GpioDataRegs.GPASET.bit.GPIO0 = 1;                 //GPIO0 输出高电平,关闭 LED
    GpioCtrlRegs.GPBMUX1.bit.GPIO38 = 0;               //GPIO38 为 I/O 功能
    GpioCtrlRegs.GPBDIR.bit.GPIO38 = 0;                //GPIO38 为输入功能
    GpioCtrlRegs.GPBQSEL1.bit.GPIO38 = 2;              //XINT4 量化为 6 次采样
    GpioCtrlRegs.GPBCTRL.bit.QUALPRD0 = 0x02;          //采样周期是 4 * TSYSCLKOUT
    GpioIntRegs.GPIOXINT4SEL.bit.GPIOSEL = 38;         //GPIO38 配置为外部中断 4 的中断源
    XIntruptRegs.XINT4CR.bit.POLARITY = 0;             //外部中断 4 设置为下降沿触发
    XIntruptRegs.XINT4CR.bit.ENABLE = 1;               //使能外部中断 4
    EDIS;
}
```

　　总之,外设中断的配置要有使能外设中断、外设中断标志位的清除、相应外设的配置。例如,外部中断要配置相应的 I/O 端口,I/O 配置为输入、上升沿或下降沿中断等,具体可查看相应寄存器各位配置说明。

习题及思考题

　　(1) 怎样选择 GPIO 口的输入/输出?

　　(2) 怎样设置 GPIO 口的采样窗?

　　(3) 怎样设置 GPIO 中断?

　　(4) GPIO0 如何实现数据的输出?

CHAPTER 5

增强型脉宽调制模块

5.1 增强型脉宽调制模块概述

从 DSPF 2407、DSPF 2812 到 DSPF 28335，PWM 外设也从事件管理器 EV 演变到增强的 PWM 模块，即 ePWM。EV 中的 6 路 PWM 采用同一个载波，且实际只有 3 个独立、3 个互补的输出；而在 ePWM 中，每个 PWM 引脚都可以独立进行配置，增强设计的灵活性。增强型脉冲宽度调制(enhance Pulse Width Modulation，ePWM)外设是电力电子系统的关键控制单元。目前，PWM 在电动机控制、电源电力滤波(APF)、LED 调光、开关电源等众多领域都有重要应用。

DSP2833x 芯片中有 6 个 ePWM 模块，每个 ePWM 模块有两路 PWM 信号输出，即 ePWMxA 和 ePWMxB，可以配置成两路独立的单边沿 PWM 输出和两路独立的互相对称或非对称的双边沿 PWM 输出。6 个 ePWM 模块可产生 12 路 PWM 输出，此外，还有 6 个 APWM 模块通过配置 eCAP 模块得到，所以 F28335 最多可以有 18 路 PWM 输出。所有的 ePWMxA 可以设置为高精度脉冲宽度调制器(HRPWM)。ePWM 模块均采用时间同步方式。ePWM 模块的结构如图 5-1 所示。每个 ePWM 模块支持以下功能。

(1) 专用 16 位时间计数器，控制输出的周期和频率。

(2) 两个互补对称 PWM 输出(ePWMxA 和 ePWMxB)，可以配置以下方式。

① 两个独立的 PWM 信号输出进行单边控制。

② 两个独立的 PWM 信号输出进行双边对称控制。

③ 两个独立的 PWM 信号输出进行双边非对称控制。

(3) 软件实现 PWM 信号异步控制。

(4) 可编程的相位控制用来支持超前或滞后其余的 PWM 模块。

(5) 在一个循环基础上的硬件同步相位。

(6) 双边沿延时死区控制。

(7) 可编程错误联防信号，产生错误时可以强制 PWM 输出高电平、低电平或者是高阻态。

(8) 所有的事件都可以触发 CPU 中断和触发 ADC 开始转换信号。

(9) 高频 PWM 斩波，对于脉冲变压器门极驱动非常有用。

每个 ePWM 模块由 7 个子模块组成：时间基准模块(TB)、计数器比较模块(CC)、动

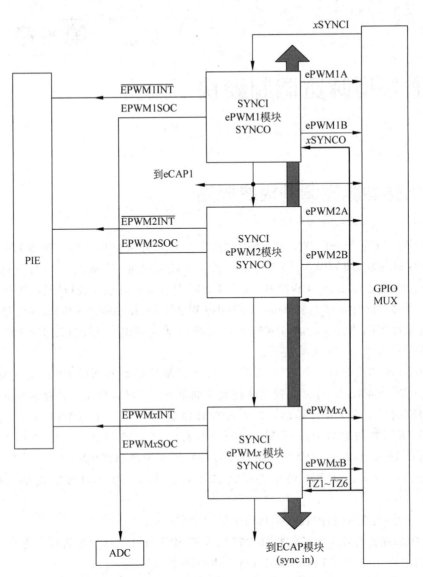

图 5-1 多个 ePWM 模块的结构关系

作限定模块（AQ）、死区控制模块（DB）、PWM 斩波模块（PC）、事件触发模块（ET）和错误区域模块（TZ）。系统内通过信号进行连接，如图 5-2 所示。

每个子模块的作用如下。

TB：为输出 PWM 产生时钟基准 TBCLK，配置 PWM 的时钟基准计数器 TBCTR，设置计数器的计数模式，配置硬件或软件同步时钟基准计数器，确定 ePWM 同步信号输出源。

CC：确定 PWM 占空比，以及 ePWM 输出高、低电平切换时间。

AQ：确定计数器和比较寄存器匹配时产生的动作，即 ePWM 高低电平的切换。

DB：配置输出 PWM 上升沿或下降沿延时时间，也可以将 A、B 两通道配置成互补模

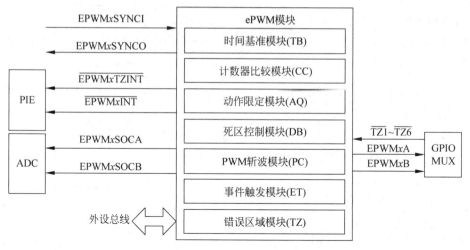

图 5-2 ePWM 模块内部连接关系

式,死区时间可以编程确定。

PC:产生高频 PWM 载波信号。

ET:使能 ePWM 中断,使能 ePWM 触发 ADC 采样。实际使用 ePWM 时,通常只要配置 TB、CC、AQ、DB 和 ET 模块。

TZ:当外部有错误信号产生时,可以强制 PWM 输出高电平、低电平或者高阻态,从而起到保护作用。该功能也可以通过软件强制产生。

5.2 ePWM 模块结构

ePWM 模块的结构原理如图 5-3 所示,时钟信号经时基模块 TB 产生时基信号,可以设定 PWM 波形的周期。通过计数比较模块 CC,可以对 PWM 波形的脉宽进行配置,再由动作模块 AQ 限定 PWM 输出状态,经过死区模块 DB,可以将同组内的互补输出的PWM 波形进行边沿延迟,可选择是否进入 PWM 斩波模块,进行第一个脉冲宽度设置和后级脉冲占空比调整。若 PWM 波形输出后有错误产生,可以将错误信号引入错误联防模块,从而强制复位 PWM 的输出。可以通过事件触发模块配置触发一些事件,如开始ADC 转换。

5.2.1 时基子模块 TB

每个 ePWM 模块都有一个时基单元,用于决定该 ePWM 模块相关的事件时序,通过同步输入信号可以将所有的 ePWM 模块工作在同一时基信号下,即所有 ePWM 模块级联在一起,处于同步状态。ePWM 模块连接关系如图 5-4 所示。

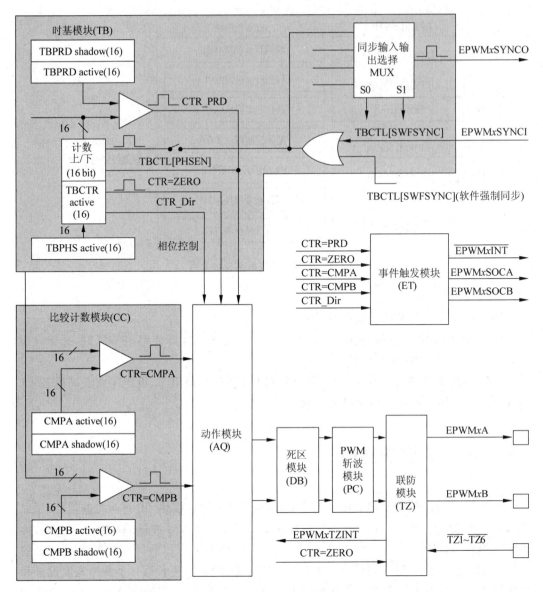

图 5-3   ePWM 模块结构原理

1) ePWM 时基模块的作用

ePWM 时基模块原理如图 5-5 所示。时基可以通过配置完成以下功能。

(1) 确定 ePWM 时基模块的频率或周期，主要是通过配置 PWM 时基计数器（TBCTR）来标定与系统时钟（SYSCLKOUT）有关的时基时钟的频率或周期。

(2) 管理 ePWM 模块之间的同步性。

(3) 维护 ePWM 与其他 PWM 模块之间的相位关系。

(4) 设置时基计数器的计数模式。可以工作在向上计数（递增计数）、向下计数（递减计数）、向上/下计数模式（先递增、后递减计数）。

TBCLK 时基时钟信号来源于预分频的系统时钟信号，该信号确定了时基计数器增

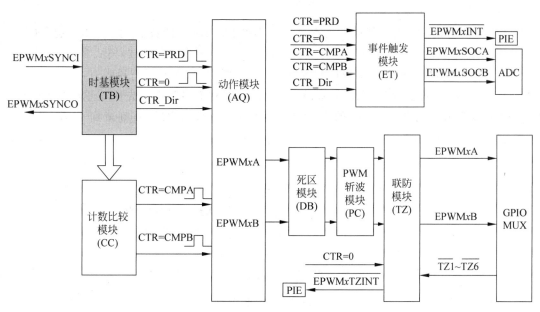

图 5-4　ePWM 模块连接关系

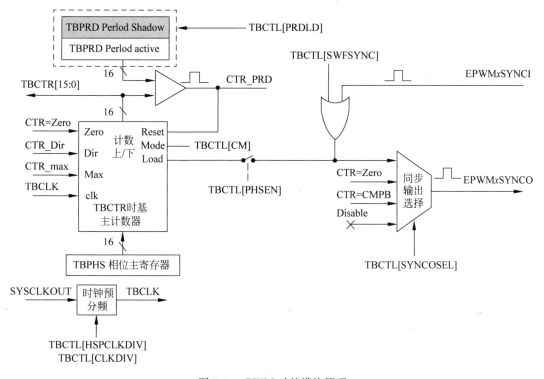

图 5-5　ePWM 时基模块原理

减的速率。

2）ePWM 的周期和频率

ePWM 的频率是由时基周期寄存器值（TBPRD）和时基计数器（TBCTR）共同决定的。时基计数器的计数模式有向上计数（递增）模式、向下计数（递减）模式和向上/下计数（先递增后递减）模式。下边以周期寄存器设置（PRD=4）为例进行说明。

（1）向上/下计数模式（先递增后递减）。此模式下，时基计数器先从 0 开始向上计数（递增），直到递增到周期寄存器的值，然后再由 4 向下计数（递减）直到减到 0，再重复以上动作，如图 5-6 所示。

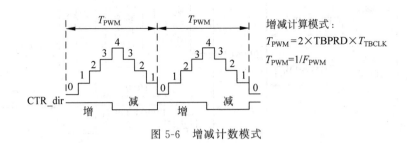

图 5-6　增减计数模式

此种模式下，同步信号到来时，时基模块的输出有两种情形，可以通过设置相位方向 TBCTL[PHSDIR] 来确定。如果 TBCTL[PHSDIR]=0，当同步信号到来时，对应的输出波形如图 5-7 所示。

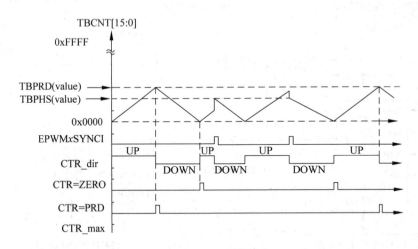

图 5-7　增减模式下的 PWM 输出波形

同步信号到来时，不管目前时基计数器的计数值是多少，都将置位到相位寄存器的值，这样可以协调各路 ePWM 模块间的相位差。对于先递增后递减的 ePWM 模块相位寄存器的值对应两个段，如相位值 3，既出现在递增过程中，又出现在递减过程中，此时可以通过 TBCTL 寄存器 PHSDIR 的设置，确定是向上计数还是向下计数，TBCTL[PHSDIR]=1 表示相位寄存器的值是递增过程中的值。

每个 ePWM 模块可以通过软件配置使用,或者忽略同步输入信号。如果 TBCTL[PHSEN]位被设置为 1,那么时基计数器在下面两种情况下就会自动加载相位寄存器(TBPHS)的内容。

① EPWMxSYNCI 同步信号脉冲:当同步信号输入脉冲到来时,时基计数器会在时基模块时钟 TBCLK 的下一个边沿自动加载 TBPHS 的值。

② 软件强制同步信号脉冲:向 TBCTL 的 SWFSYNC 位写入 1 后,时基计数器也会在时基模块时钟 TBCLK 的下一个边沿自动加载 TBPHS 的值。

清 TBCTL[PHSEN]位,可以配置 PWM 忽略同步输入信号。但是,同步信号仍然可通过第一个 PWM 产生,经过 EPWMxSYNCO 传递给下面的 PWM 模块(ePWM2~ePWMx)。

(2) 向上计数模式(递增)。此模式下,时基计数器从 0 开始向上计数,直至递增到周期寄存器的值后,时基计数器会自动复位到 0,重复以上动作,如图 5-8 所示。在此种模式下,随着同步信号的到来,时基模块的输出波形如图 5-9 所示。

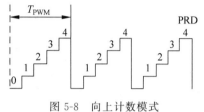

图 5-8　向上计数模式

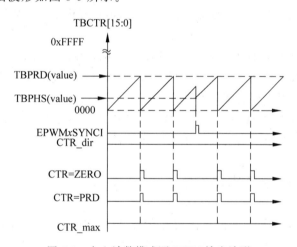

图 5-9　向上计数模式下 PWM 输出波形

(3) 向下计数模式(递减)。在此模式下,时基计数器首先加载周期寄存器的值,然后开始递减,直至减到 0。自动再加载周期寄存器的值,如此重复,如图 5-10 所示。在此种模式下,同步信号到来时,时基模块的输出波形如图 5-11 所示。

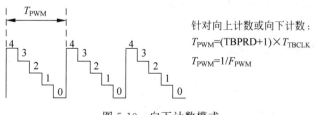

针对向上计数或向下计数:
$T_{PWM}=(TBPRD+1)\times T_{TBCLK}$
$T_{PWM}=1/F_{PWM}$

图 5-10　向下计数模式

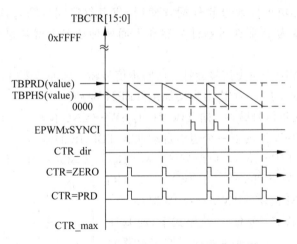

图 5-11　向下计数模式下 PWM 输出波形

3）周期映射寄存器

在时基模块中有一个周期映射寄存器（Shadow Register）。映射寄存器允许寄存器随硬件进行同步更新，为工作寄存器（Active Register）提供了一个暂时的存放地址，不直接影响硬件的控制。

（1）时基周期映射寄存器模式。当 TBCTL[PRDLD]＝0 时，TBPRD 的映射寄存器使能，时基模块计数器值为 0 时（TBCTR＝0x0000），映射寄存器的值传递给工作寄存器。默认情况下，映射寄存器都是有效的。

（2）时基周期立即加载模式。当 TBCTL[PRDLD]＝1 时为立即加载模式，读写时基周期寄存器对应的地址时，直接操作工作寄存器。

5.2.2　计数比较子模块 CC

当通用时间基准计数器的值与比较寄存器 A（CMPA）或 B（CMPB）的值相等时，就会产生一个比较匹配事件，直接输出到动作限定模块，如图 5-12 所示。

主要有以下 4 种情况。

（1）CTR＝CMPA：时间基准计数器的值等于计数比较寄存器 A 的值。

（2）CTR＝CMPB：时间基准计数器的值等于计数比较寄存器 B 的值。

（3）CTR＝PRD：时间基准计数器的值等于周期寄存器的值。

（4）CTR＝ZRO：时间基准计数器的值等于 0。

5.2.3　动作子模块 AQ

动作模块决定了相应事件发生时输出的 PWM 波形。

动作模块包括动作控制、动作软件强制和连续软件强制寄存器，如图 5-13 所示。

动作模块根据下列事件产生动作（置高、拉低、翻转）。

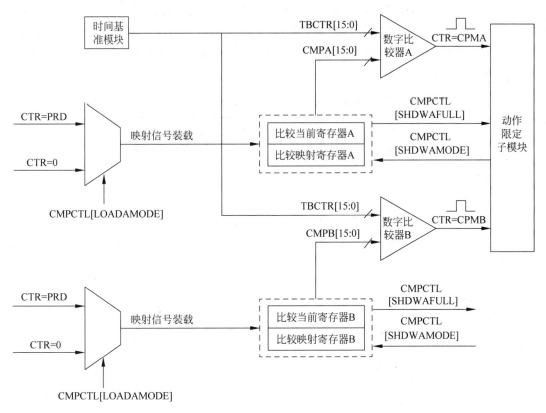

图 5-12　比较子模块内部信号和寄存器

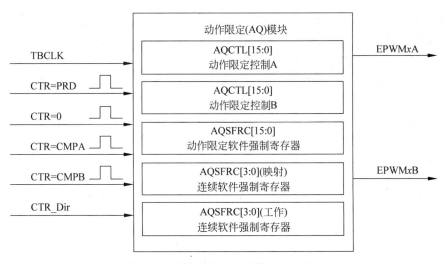

图 5-13　动作子模块内部信号和寄存器

（1）CTR＝PRD：时基计数器的值等于周期寄存器的值。

（2）CTR＝ZERO：时基计数器的值等于 0。

（3）CTR＝CMPA：时基计数器的值等于比较寄存器 A 的值。

（4）CTR＝CMPB：时基计数器的值等于比较寄存器 B 的值。

由时基子模块 TB 和计数比较子模块 CC 产生的四种比较匹配事件送入动作子模块 AQ，决定两路 PWM 信号（ePWMxA 和 ePWMxB）的状态，可以通过软件来控制。AQ 子模块的动作方向见表 5-1。

表 5-1　动作子模块 AQ 的动作方向

软件强制	TBCTR 等于				动作
	ZERO	CMPA	CMPB	PRD	
SW X	Z X	CA X	CB X	P X	无动作
SW ↓	Z ↓	CA ↓	CB ↓	P ↓	置低
SW ↑	Z ↑	CA ↑	CB ↑	P ↑	置高
SW T	Z T	CA T	CB T	P T	翻转

动作模块产生的相应动作能控制占空比。例如，递增/递减模式下，当向上计数、时基计数器的值等于 CMPA 值时，PWM 输出高电平；当向下计数、时基计数器的值等于 CMPA 值时，PWM 输出低电平。在这个模式下，占空比为 0～100%。如果 CMPA＝TBPRD 时，则 PWM 一直输出低电平，占空比为 0；如果 CMPA＝0 时，则 PWM 一直输出高电平，占空比为 100%。

【例 5-1】　向上/向下计数模式下，ePWMxA 和 ePWMxB 独立调制，双边为对称波形。如图 5-14 所示。

相关初始化程序如下。

```
EPwm1Regs.TBCTL.bit.CTRMODE = 0x2;          //设定为向上/向下计数模式
EPwm1Regs.TBPRD = 500;                       //设定 PWM 周期为 2×500 个 TBCLK 时钟周期
EPwm1Regs.TBCTL.bit.PHSEN = TB_DISABLE;      //禁止相位寄存器
EPwm1Regs.TBPHS = 0x0000;                    //相位寄存器清 0
EPwm1Regs.TBCTR = 0x0000;                    //时基计数器清 0
EPwm1Regs.TBCTL.bit.HSPCLKDIV = 0x0;         //设定 TBCLK = SYSCLKOUT
EPwm1Regs.TBCTL.bit.CLKDIV = 0x0;
EPwm1Regs.CMPCTL.bit.SHDWAMODE = 0x0;        //设定 CMPA 为映射寄存器模式
EPwm1Regs.CMPCTL.bit.SHDWBMODE = 0x0;        //设定 CMPB 为映射寄存器模式
EPwm1Regs.CMPCTL.bit.LOADAMODE = 0x0;        //在 CTR = 0 时装载
```

```
EPwm1Regs.CMPCTL.bit.LOADBMODE = 0x0;        //在 CTR = 0 时装载
EPwm1Regs.CMPA.half.CMPA = 300;              //设定 CMPA 为 300 个 TBCLK
EPwm1Regs.CMPB = 400;                        //设定 CMPA 为 400 个 TBCLK
EPwm1Regs.AQCTLA.bit.CAU = 0x2;              //向上计数到 CTR = CMPA 时，将 ePWM1A 置高
EPwm1Regs.AQCTLA.bit.CAD = 0x1;              //向下计数到 CTR = CMPA 时，将 ePWM1A 拉低
EPwm1Regs.AQCTLB.bit.CBU = 0x2;              //向上计数到 CTR = CMPB 时，将 ePWM1B 置高
EPwm1Regs.AQCTLB.bit.CBD = 0x1;              //向下计数到 CTR = CMPB 时，将 ePWM1B 拉低
```

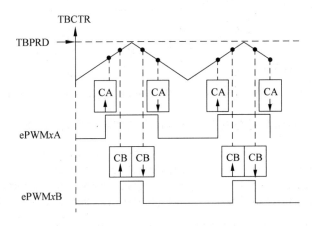

图 5-14　向上/向下计数双边对称 ePWMxA 和 ePWMxB 独立调制波形

【例 5-2】　向上/向下计数模式下，ePWMxA 和 ePWMxB 独立调制，双边为对称波形，互补输出，如图 5-15 所示。

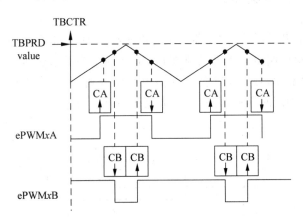

图 5-15　向上/向下计数双边对称 ePWMxA 和 ePWMxB 独立调制互补波形

图 5-15 对应的程序配置与例 5-1 的不同之处在于动作寄存器的配置，程序如下。

```
EPwm1Regs.AQCTLB.bit.CBU = 0x1;    //向上计数到 CTR = CMPB 时，将 ePWM1B 拉低
EPwm1Regs.AQCTLB.bit.CBD = 0x2;    //向下计数到 CTR = CMPB 时，将 ePWM1B 置高
```

【例 5-3】　向上/向下计数模式下，双边为对称波形，ePWMxA 和 ePWMxB 独立输出双边不对称波形，如图 5-16 所示。

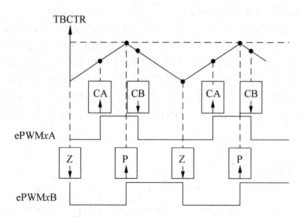

图 5-16   向上/向下计数 ePWMxA 独立输出双边不对称波形

图 5-16 对应的程序配置与例 5-1 的不同之处在于动作寄存器的配置,程序如下。

```
EPwm1Regs.AQCTLA.bit.CAU = 0x2;    //向上计数到 CTR = CMPA 时,将 ePWM1A 置高
EPwm1Regs.AQCTLA.bit.CBD = 0x1;    //向下计数到 CTR = CMPB 时,将 ePWM1A 拉低
EPwm1Regs.AQCTLB.bit.ZRO = 0x1;    //向下计数到 CTR = 0 时,将 ePWM1B 拉低
EPwm1Regs.AQCTLB.bit.PRD = 0x2;    //向上计数到 CTR = PRD 时,将 ePWM1B 置高
```

图 5-16 中,CA、CB、Z 和 P 分别代表 CMPA、CMPB、ZERO 和 PRD,向上箭头表示置高,向下箭头表示置低。

5.2.4   死区子模块 DB

在电动机控制、开关电源、逆变器等电力电子线路中,常常会遇到如图 5-17 所示的三相全桥控制电路,该电路由 6 个开关管组成,上下两个开关管组成一个桥臂。每个开关管都由 PWM 信号驱动,在 PWM 信号为高电平时导通,为低电平时关断。同一桥臂的上下两个开关管不能同时导通,否则会造成电源短路。

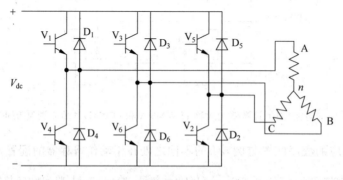

图 5-17   三相逆变桥电路

图 5-18 为开关管理想的驱动波形,理论上可以通过 ePWM 动作模块 AQ 处理后得到的 ePWMxA 和 ePWMxB 输出信号施加到开关管的控制端,即可控制开关管的通断,

但实际上,开关管无论是从导通转为关断,还是从关断转为导通,都会有延时。假如同一桥臂上的上开关管尚未关闭,下开关管已导通,就会发生电源短路事故。因此,必须在上下开关管切换导通的瞬间插入一段无信号作用的死区时间,使一个开关管有效截止后,另一个开关管才开始导通。

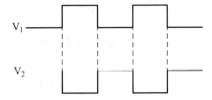

图 5-18　桥电路理想驱动波形

用死区控制模块(DB)对 AQ 模块产生的 ePWMxA 和 ePWMxB 信号进行死区设置,产生带死区的 ePWMxA 和 ePWMxB 信号输出。死区控制模块的原理图如图 5-19 所示。

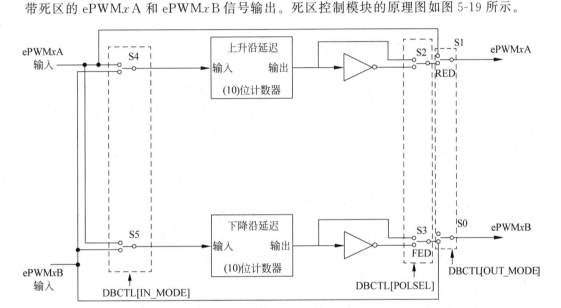

图 5-19　死区控制子模块原理图

可见,对 ePWMxA 和 ePWMxB 的动作设定是完全独立的,任何一个事件都可以对 ePWMxA 或 ePWMxB 产生动作。例如,CTR＝CMPA 和 CTR＝CMPB 这两个事件都可以控制 ePWMxA 产生相应的动作,也都可以控制 ePWMxB 产生相应的动作。

死区控制模块的输入源来自动作限定模块 AQ 输出的 ePWMxA 和 ePWMxB,通过 DBCTL[IN_MODE]位决定输入源的上升沿和下降沿延时;通过 DBCTL[OUT_MODE]位决定最终输出的信号是否经过延时以及采用何种延时。输出的信号是否翻转是通过 DBCTL[POLSEL]位决定的。图 5-20 给出了典型死区输出模式下的波形图。

可见,延时模块分为上升沿延时模块(RED)和下降沿延时模块(FED)。可以分别对 DBRED

图 5-20　典型死区输出模式下的波形图

和 DBFED 单独编程决定延时时间。这两个延时寄存器的值代表时基时钟的个数,其中上升沿和下降沿的延时时间分别为 $RED=DBRED\times T_{TBCLK}$,$FED=DBFED\times T_{TBCLK}$。

5.2.5　斩波子模块 PC

F28335 的 ePWM 模块具有 PWM 斩波功能,斩波模块可以实现对 PWM 波进行再调制,产生高频的 PWM 信号,用于某些相对特殊的工况,如使用脉冲变压器直接驱动电力开关管的场合。斩波模块可以通过斩波控制寄存器 PCCTL[CHPEN]位来控制其使能与禁止。一般来说,可不用这个模块。

5.2.6　错误控制子模块 TZ

F28335 的每个 ePWM 模块均与 GPIO 的复用引脚 TZn($n=1\sim6$)相连,每个ePWM 模块都可以单独配置为禁止或使能这些错误控制模块引脚,通过设置 TZSEL 和TZCTL 寄存器来实现。一般来说,故障时的工作状态有:

(1) PWM 输出为高阻态。

(2) PWM 输出强制为低。

(3) PWM 输出强制为高。

当系统工作出现故障时,错误控制模块可以对系统起保护作用,提高系统的可靠性。

错误控制子模块相关寄存器分别为错误选择寄存器 TZSEL、错误控制寄存器TZCTL、错误中断使能寄存器 TZEINT、错误强制寄存器 TZFRC、错误标志寄存器TZFLG 和错误清除寄存器 TZCLR,相应的说明如图 5-21~图 5-23 所示。

D15、D14	D13	D12	D11	D10	D9	D8
Reserved	OSHT6	OSHT5	OSHT4	OSHT3	OSHT2	OSHT1
R-0	R/W-0	R/W-0	R/W-0	R/W-0	R/W-0	R/W-0

D7、D6	D5	D4	D3	D2	D1	D0
Reserved	CBC6	CBC5	CBC4	CBC3	CBC2	CBC1
R-0	R/W-0	R/W-0	R/W-0	R/W-0	R/W-0	R/W-0

图 5-21　TZSEL/TZCTL 寄存器位定义

D15~D8
Reserved
R-0

D7~D3	D2	D1	D0
Reserved	OST	CBC	Reserved
R-0	R/W-0	R/W-0	R-0

图 5-22　TZEINT/TZFRC 寄存器位定义

D15~D8			
Reserved			
R-0			

D7~D3	D2	D1	D0
Reserved	OST	CBC	INT
R-0	R/W-0	R/W-0	R/W-0

图 5-23　TZFLG/TZCLR 寄存器位定义

5.2.7　事件触发子模块 ET

事件触发子模块是 PWM 控制中较为重要的部分,用来处理时基子模块(TB)和计数比较子模块(CC)产生的四种比较匹配事件(TBCTR = TBPRD、TBCTR = 0x0000、TBCTR=CMPA 和 TBCTR=CMPB),以及如何触发中断请求(功能信号:ePWMx_INT)或者启动 AD 转换信号(功能信号:ePWMxSOCA 和 ePWMxSOCB)。

常需要配置事件触发选择寄存器 ETSEL,通过配置寄存器确定所需要启动的功能信号以及产生功能信号相匹配的条件。

5.3　ePWM 模块相关寄存器

ePWM 模块相关寄存器见表 5-2。

表 5-2　ePWM 模块相关寄存器

名　称	地　址	大小	描　　述
TBCTL	0x6800	1	时基控制寄存器
TBSTS	0x6801	1	时基状态寄存器
TBPHSHR	0x6802	1	HRPWM 相位扩展寄存器
TBPHS	0x6803	1	时基相位寄存器
TBCTR	0x6804	1	时基计数寄存器
TBPRD	0x6805	1	时基周期寄存器
CMPCTL	0x6807	1	计数比较控制寄存器
CMPAHR	0x6808	1	HRPWM 计数比较扩展寄存器
CMPA	0x6809	1	计数比较寄存器 A
CMPB	0x680A	1	计数比较寄存器 B
AQCTLA	0x680B	1	动作控制寄存器 A
AQCTLB	0x680C	1	动作控制寄存器 B
AQSFRC	0x680D	1	动作软件强制寄存器
AQCSFRC	0x680E	1	动作连续软件强制寄存器

名　称	地　址	大小	描　述
DBCTL	0x680F	1	死区控制寄存器
DBRED	0x6810	1	死区上升沿延迟寄存器
DBFED	0x6811	1	死区下降沿延迟寄存器
TZSEL	0x6812	1	错误选择寄存器
TZCTL	0x6814	1	错误控制寄存器
TZEINT	0x6815	1	错误中断使能寄存器
TZFLG	0x6816	1	错误标志寄存器
TZCLR	0x6817	1	错误清除寄存器
TZFRC	0x6818	1	错误强制寄存器
ETSEL	0x6819	1	事件触发选择寄存器
ETPS	0x681A	1	事件触发预分频寄存器
ETFLG	0x681B	1	事件触发标志寄存器
ETCLR	0x681C	1	事件触发清除寄存器
ETFRC	0x681D	1	事件触发强制寄存器
PCCTL	0x681E	1	PWM 斩波控制寄存器
HRCNFG	0x6820	1	HRPWM 配置寄存器

1) 时基子模块寄存器

时基子模块寄存器有时基周期寄存器 TBPRD、时基相位寄存器 TBPHS、时基计数寄存器 TBCTR、时基控制寄存器 TBCTL 和时基状态寄存器 TBSTS。各寄存器的位域信息见表 5-3～表 5-7。

表 5-3　时基周期寄存器 TBPRD

位	名　称	值	描　述
15～0	TBPRD	0x0000～0xFFFF	时基计数器周期

表 5-4　时基相位寄存器 TBPHS

位	名　称	值	描　述
15～0	TBPHS	0x0000～0xFFFF	时基的相位

表 5-5　时基计数寄存器 TBCTR

位	名　称	值	描　述
15～0	TBCTR	0x0000～0xFFFF	时基计数器

表 5-6　时基控制寄存器 TBCTL

位	名　称	值	描　述
15、14	FREE、SOFT	00 01 1X	仿真模式位。这些位决定了当仿真事件到来时时基计数器的行为 当一次时基计数器增加或者减少后计数器停止 计数器完成一个循环后停止 自由运行

续表

位	名　称	值	描　述
13	PHSDIR		相位方向位。当时基计数器配置为向上/向下模式时,这个位才起作用。这个位决定了当同步信号到来时,计数器装载相位寄存器的值向上还是向下计数
		0	同步信号到来时,向下计数
		1	同步信号到来时,向上计数
12~10	CLKDIV		时基时钟分频位 分频系数为 $2^k(k=000\sim111)$ TBCLK=SYSCLKOUT/(HSPCLKDIV×CLKDIV)
		000	/1(复位后默认值)
		001	/2
		010	/4
		011	/8
		100	/16
		101	/32
		110	/64
		111	/128
9~7	HSPCLKDIV		高速时基时钟分频位 分频系数为 $2^k(k=000\sim111)$ TBCLK=SYSCLKOUT/(HSPCLKDIV×CLKDIV)
		000	/1
		001	/2(复位后默认值)
		010	/4
		011	/6
		100	/8
		101	/10
		110	/12
		111	/14
6	SWFSYNC		软件强制同步脉冲
		0	写 0 没有效果
		1	写 1 产生一次软件同步脉冲
5、4	SYNCOSEL		同步信号输出选择。选择 ePWMxSYNCO 信号输出源
		00	ePWMxSYNCI
		01	CTR=ZERO:当时基计数器值等于 0 时
		10	CTR=CMPA:当时基计数器值等于比较寄存器 A 时
		11	禁止同步信号输出
3	PRDLD	0	周期寄存器装载映射寄存器选择 当计数器的值为 0 时,周期寄存器 TBPRD 装载映射寄存器的值
		1	禁止使用映射寄存器

位	名　称	值	描　述
2	PHSEN		计数寄存器装载相位寄存器使能位
		0	禁止装载
		1	当同步信号到来时,计数寄存器装载相位寄存器的值
1～0	CTRMODE		计数模式。一般情况下,计数模式只设置一次。如果改变了模式,将会在下一个 TBCLK 的边沿生效
		00	向上计数
		01	向下计数
		10	向上/向下计数
		11	停止计数(复位后默认)

表 5-7　时基状态寄存器 TBSTS

位	名　称	值	描　述
15～3	保留		保留
2	CTRMAX		时基计数器达到最大值 0xFFFF 时,锁存位置 1
		0	计数器没有达到最大值
		1	计数器达到最大值,写入 1 可以清除此标志位
1	SYNCI		同步输入锁存状态位
		0	没有同步事件发生
		1	同步事件发生,写入 1 可以清除此标志位
0	CTRDIR		时基计数器方向状态位
		0	时基计数器当前向下计数
		1	时基计数器当前向上计数

2) 计数比较子模块寄存器

计数比较子模块寄存器有计数比较寄存器 A(CMPA)和 B(CMPB)以及计数比较控制寄存器 CMPCTL。各寄存器的信息见表 5-8～表 5-10。

表 5-8　计数比较寄存器 CMPA

位	名　称	描　述
15～0	CMPA	CMPA 中的值与时基计数器的值一直在比较,当两个寄存器的值相同时,计数比较模块就会产生 CTR＝CMPA 事件,送给动作模块进行相应动作

表 5-9　计数比较寄存器 CMPB

位	名　称	描　述
15～0	CMPB	CMPB 中的值与时基计数器的值一直在比较,当两个寄存器的值相同时,计数比较模块就会产生 CTR＝CMPB 事件,送给动作模块进行相应动作

表 5-10 计数比较控制寄存器 CMPCTL

位	名 称	值	描 述
15～10	保留		保留
9	SHDWBFULL	0 1	CMPB 映射寄存器满标志位 CMPB 映射缓冲寄存器 FIFO 未满 CMPB 映射缓冲寄存器 FIFO 已满,CPU 写入会覆盖当前映射寄存器的值
8	SHDWAFULL	0 1	CMPA 映射寄存器满标志位 CMPA 映射缓冲寄存器 FIFO 未满 CMPA 映射缓冲寄存器 FIFO 已满,CPU 写入会覆盖当前映射寄存器的值
7	保留		保留
6	SHDWBMODE	0 1	计数比较寄存器 B 操作模式 映射装载模式:工作在双缓冲下,CPU 向映射寄存器写入值 立即装载模式:CPU 直接向 CMPB 写入值
5	保留		保留
4	SHDWAMODE	0 1	计数比较寄存器 A 操作模式 影子装载模式:工作在双缓冲下,CPU 向映射寄存器写入值 立即装载模式:CPU 直接向 CMPA 写入值
3、2	LOADBMODE	00 01 10 11	CMPB 映射装载模式下,装载条件选择模式 在 CTR＝ZERO 时 在 CTR＝PRD 时 在 CTR＝ZERO 或 CTR＝PRD 时 禁止
1、0	LOADAMODE	00 01 10 11	CMPA 映射装载模式下,装载条件选择模式 在 CTR＝ZERO 时 在 CTR＝PRD 时 在 CTR＝ZERO 或 CTR＝PRD 时 禁止

3）动作模块寄存器

动作模块寄存器有动作控制寄存器 A/B（AQCTLA/AQCTLB）、软件强制寄存器 AQSFRC 和软件连续强制寄存器 AQCSFRC。动作控制寄存器 A（AQCTLA）控制 $ePWMxA$ 信号的输出,动作控制寄存器 B（AQCTLB）控制 $ePWMxB$ 信号的输出。各寄存器的信息说明见表 5-11～表 5-13。

表 5-11 AQCTLA/AQCTLB 寄存器各位的含义

位	名　　称	描　　述
15~12	Reserved	保留
11、10	CBD	向下计数过程中 CTR=CMPB 控制位 00,无动作；01,置低；10,置高；11,翻转
9、8	CBU	向上计数过程中 CTR=CMPB 控制位。配置同 CBD 位
7、6	CAD	向下计数过程中 CTR=CMPA 控制位。配置同 CBD 位
5、4	CAU	向上计数过程中 CTR=CMPA 控制位。配置同 CBD 位
3、2	PRD	周期匹配事件发生时,CTR=PRD 控制位。配置同 CBD 位
1、0	ZRO	下溢事件发生时,CTR=ZERO 控制位。配置同 CBD 位

表 5-12 软件强制寄存器 AQSFRC

位	名　　称	值	描　　述
15~8	保留		保留
7、6	RLDCSF	 00 01 10 11	AQCSF 有效寄存器装载映射寄存器的条件 当计数器值为 0 当计数器值为 PRD 周期寄存器 当计数器值为 0 或为 PRD 周期寄存器 立即加载
5	OTSFB	 0 1	一次性软件强制 ePWMxB 输出 没有任何效果 初始化一次性软件强制信号
4、3	ACTSFB	 00 01 10 11	当一次性软件强制 B 输出被调用时的动作 不动作 清零：使 ePWMxB 输出低 置位：使 ePWMxB 输出高 翻转：使 ePWMxB 输出翻转
2	OTSFA	 0 1	一次性软件强制 ePWMxA 输出被调用时的动作 没有任何效果 初始化一次性软件强制信号
1、0	ACTSFA	 00 01 10 11	当一次性软件强制 A 输出被调用时的动作 不动作 清零：使 ePWMxA 输出低 置位：使 ePWMxA 输出高 翻转：使 ePWMxA 输出翻转

表 5-13　软件连续强制寄存器 AQCSFRC

位	名　称	值	描　述
15～4	保留		保留
3、2	CSFB		连续软件强制 B 输出 在立即装载模式下，连续软件强制发生在下一个 TBCLK 边沿 在映射装载模式下，连续软件强制发生在装载后的下一个 TBCLK 边沿
		00	强制无效
		01	强制 B 输出为低
		10	强制 B 输出为高
		11	软件强制禁止
1、0	CSFA		连续软件强制 A 输出 在立即装载模式下，连续软件强制发生在下一个 TBCLK 边沿 在映射装载模式下，连续软件强制发生在装载后的下一个 TBCLK 边沿
		00	强制无效
		01	强制 A 输出为低
		10	强制 A 输出为高
		11	软件强制禁止

4）死区控制子模块寄存器

死区控制子模块寄存器有死区控制寄存器 DBCTL、死区上升沿延时寄存器 DBRED、死区下降沿延时寄存器 DBFED。各寄存器的说明见表 5-14～表 5-16。

表 5-14　死区控制寄存器 DBCTL

位	名　称	值	描　述
15～6	保留		保留
5、4	IN_MODE		死区模块输入控制
		00	ePWMxA 是双边沿延时输入源
		01	ePWMxB 是上升沿延时输入源，ePWMxA 是下降沿输入源
		10	ePWMxA 是上升沿延时输入源，ePWMxB 是下降沿输入源
		11	ePWMxB 是双边沿延时输入源
3、2	POSEL		极性选择控制
		00	ePWMxA 和 ePWMxB 都不翻转
		01	ePWMxA 翻转，ePWMxB 不翻转
		10	ePWMxA 不翻转，ePWMxB 翻转
		11	ePWMxA 和 ePWMxB 都翻转

位	名　称	值	描　　述
1、0	OUT_MODE	00 01 10 11	死区模块输出控制 ePWMxA 和 ePWMxB 不经过死区模块 禁止上升沿延迟，使能下降沿延时 禁止下降沿延迟，使能上升沿延时 使能双边延迟时

表 5-15   死区上升沿延时寄存器 DBRED

位	名　称	值	描　　述
15～10	保留		保留
9～0	DEL	0～1023	上升沿延时计数器，10 位

表 5-16   死区下降沿延时寄存器 DBFED

位	名　称	值	描　　述
15～10	保留		保留
9～0	DEL	0～1023	下降沿延时计数器，10 位

5）斩波子模块寄存器

斩波控制寄存器 PCCTL 说明见表 5-17。

表 5-17   斩波控制寄存器 PCCTL

位	名　称	描　　述
15～11	Reserved	保留
10～8	CHPDUTY	斩波时钟占空比控制位。000～111，占空比＝CHPDUTY/8
7～5	CHPFREQ	斩波时钟频率控制位 000～111，斩波时钟频率＝$f_{\text{SYSCLKOUT}}/[8×(\text{CHPFREQ}+1)]$
4～1	OSHTWTH	首次脉冲宽度控制位 000～111，首次脉冲宽度＝$8×(\text{OSHRWTH}+1)×T_{\text{SYSCLKOUT}}$
0	CHPEN	斩波使能控制位。0，禁止 PWM 斩波功能；1，使能

6）错误控制子模块寄存器

错误控制子模块寄存器有错误选择寄存器 TZSEL、错误控制寄存器 TZCTL、错误中断使能寄存器 TZEINT、错误强制寄存器 TZFRC、错误标志寄存器 TZFLG 和错误清除寄存器 TZCLR。错误选择寄存器 TZSEL 和错误控制寄存器 TZCTL 相应说明见表 5-18 和表 5-19。

表 5-18   错误选择寄存器 TZSEL

位	名　称	描　　述
15、14	Reserved	保留
13～8	OSHT6～OSHT1	$\overline{\text{TZ}}$(y＝1～6)为单次错误事件控制位。0，禁止；1，使能
7、6	Reserved	保留
5～0	CBC6～CBC1	周期性错误事件控制位。配置同 OSHT6～OSHT1 位

表 5-19 错误控制寄存器 TZCTL

位	名 称	描 述
15～4	Reserved	保留
3、2	TZB	错误事件发生时,ePWMxB 状态控制位。00,高阻态;01 强制高电平;10 强制低电平;11,无动作
1、0	TZA	错误事件发生时,ePWMxA 状态控制位。配置同 TZB 位

7) 事件触发子模块

事件触发子模块包含事件触发选择寄存器 ETSEL、事件触发预分频寄存器 ETPS、事件触发标志寄存器 ETFLG、事件触发清除寄存器 ETCLR 和事件触发强制寄存器 ETFRC。各寄存器的说明见表 5-20～表 5-24。

表 5-20 事件触发选择寄存器 ETSEL

位	名 称	值	描 述
15	SOCBEN		使能 ePWMxSOCB 信号产生位
		0	禁止 ePWMxSOCB 信号产生
		1	使能 ePWMxSOCB 信号产生
14～12	SOCBSEL		ePWMxSOCB 信号产生条件
		000	保留
		001	当 TBCTR＝0 时
		010	当 TBCTR＝TBPRD 时
		011	保留
		100	当 TBCTR＝CMPA,且向上计数时
		101	当 TBCTR＝CMPA,且向下计数时
		110	当 TBCTR＝CMPB,且向上计数时
		111	当 TBCTR＝CMPB,且向下计数时
11	SOCAEN		使能 ePWMxSOCA 信号产生位
		0	禁止 ePWMxSOCA 信号产生
		1	使能 ePWMxSOCA 信号产生
10～8	SOCASEL		ePWMxSOCA 信号产生条件
		000	保留
		001	当 TBCTR＝0 时
		010	当 TBCTR＝TBPRD 时
		011	保留
		100	当 TBCTR＝CMPA,且向上计数时
		101	当 TBCTR＝CMPA,且向下计数时
		110	当 TBCTR＝CMPB,且向上计数时
		111	当 TBCTR＝CMPB,且向下计数时
7～4	保留		保留
3	INTEN		使能 ePWMxSOCA 中断产生位
		0	禁止中断
		1	使能中断

续表

位	名　称	值	描　述
2~0	INTSEL		ePWM 中断选择条件
		000	保留
		001	当 TBCTR＝0 时
		010	当 TBCTR＝TBPRD 时
		011	保留
		100	当 TBCTR＝CMPA,且向上计数时
		101	当 TBCTR＝CMPA,且向下计数时
		110	当 TBCTR＝CMPB,且向上计数时
		111	当 TBCTR＝CMPB,且向下计数时

表 5-21　事件触发预分频寄存器 ETPS

位	名　称	值	描　述
15	SOCBCNT		ePWMx SOCB 触发事件计数器位
		00	没有事件发生
		01	有 1 次事件发生
		10	有 2 次事件发生
		11	有 3 次事件发生
14~12	SOCBPRD		ePWMx SOCB 信号产生条件
		00	禁止 SOCB 事件计数器
		01	每一次事件启动 ePWMx SOCB 信号
		10	每两次事件启动 ePWMx SOCB 信号
		11	每三次事件启动 ePWMx SOCB 信号
11、10	SOCACNT		ePWMx SOCA 触发事件计数器位。配置同 SOCBCNT 位
9、8	SOCAPRD		ePWMx SOCA 信号产生条件。配置同 SOCBPRD 位
7~4	保留		保留
3、2	INTCNT		ePWM 中断信号计数器位
		00	没有事件发生
		01	有 1 次事件发生
		10	有 2 次事件发生
		11	有 3 次事件发生
1、0	INTPRD		ePWM 中断信号周期位
		00	禁止中断事件计数器
		01	每一次事件产生 SOC 信号
		10	每两次事件产生 SOC 信号
		11	每三次事件产生 SOC 信号

表 5-22　事件触发标志寄存器 ETFLG

位	名　称	值	描　述
15～4	保留		保留
3	SOCB	0	ADC 转换启动信号 B ePWMxSOCB 事件发生标志位 没有 ePWMxSOCB 事件发生
		1	有 ePWMxSOCB 事件发生
2	SOCA	0	ADC 转换启动信号 A ePWMxSOCA 事件发生标志位 没有 ePWMxSOCA 事件发生
		1	有 ePWMxSOCA 事件发生
1	保留		保留
0	INT	0	ePWM 中断标志位 没有中断事件发生
		1	有中断事件发生

表 5-23　事件触发清除寄存器 ETCLR

位	名　称	值	描　述
15～4	保留		保留
3	SOCB	0	ADC 转换启动信号 B ePWMxSOCB 标志清除位 没有效果
		1	清除 SOCB 标志位
2	SOCA	0	ADC 转换启动信号 A ePWMxSOCA 标志清除位 没有效果
		1	清除 SOCA 标志位
1	保留		保留
0	INT	0	ePWM 中断标志清除位 没有效果
		1	清除中断标志位

表 5-24　事件触发强制寄存器 ETFRC

位	名　称	值	描　述
15～4	保留		保留
3	SOCB	0	SOCB 强制位 没有效果
		1	强制置位 SOCB 标志位,用于测试目的
2	SOCA	0	SOCA 强制位 没有效果
		1	强制置位 SOCA 标志位,用于测试目的
1	保留		保留
0	INT	0	INT 强制位 没有效果
		1	强制置位中断标志位,用于测试目的

5.4   ePWM 模块应用实例

【例 5-4】   对于图 5-17 所示的三相逆变桥电路,可产生 6 路 PWM 的触发信号,要求 ePWM1A 和 ePWM3B 输出 PWM 触发信号,实现三相逆变桥的相应控制。相应程序 如下。

```
#define CPU_CLK    150e6              //系统时钟 150MHz
#define PWM_CLK    20e3               //PWM 频率为 20kHz
#define SP CPU_CLK/(2 * PWM_CLK)      //周期寄存器的值

void InitEPwm1Gpio(void)             //设置相应的 GPIO 引脚,初始化模块 1
{
  EALLOW;
  GpioCtrlRegs.GPAPUD.bit.GPIO0 = 0;  //使能 GPIO0 内部电阻上拉
  GpioCtrlRegs.GPAPUD.bit.GPIO1 = 0;  //使能 GPIO1 内部电阻上拉
  GpioCtrlRegs.GPAMUX1.bit.GPIO0 = 1; //配置 GPIO0 为 ePWM1A
  GpioCtrlRegs.GPAMUX1.bit.GPIO1 = 1; //配置 GPIO1 为 ePWM1B
  EDIS;
}

void InitEPwm2Gpio(void)             //设置相应的 GPIO 引脚,初始化模块 2
{
  EALLOW;
  GpioCtrlRegs.GPAPUD.bit.GPIO2 = 0;  //使能 GPIO2 内部电阻上拉
  GpioCtrlRegs.GPAPUD.bit.GPIO3 = 0;  //使能 GPIO3 内部电阻上拉
  GpioCtrlRegs.GPAMUX1.bit.GPIO2 = 1; //配置 GPIO2 为 ePWM2A
  GpioCtrlRegs.GPAMUX1.bit.GPIO3 = 1; //配置 GPIO3 为 ePWM2B
  EDIS;
}

void InitEPwm3Gpio(void)             //设置相应的 GPIO 引脚,初始化模块 3
{
  EALLOW;
  GpioCtrlRegs.GPAPUD.bit.GPIO4 = 0;  //使能 GPIO4 内部电阻上拉
  GpioCtrlRegs.GPAPUD.bit.GPIO5 = 0;  //使能 GPIO5 内部电阻上拉
  GpioCtrlRegs.GPAMUX1.bit.GPIO4 = 1; //配置 GPIO4 为 ePWM3A
  GpioCtrlRegs.GPAMUX1.bit.GPIO5 = 1; //配置 GPIO5 为 ePWM3B
  EDIS;
}

void EPwmSetup()                     //产生期望的 PWM 信号
{
  EPwm1Regs.TBCTL.all = 0x201E;       //ePWM1 向上/向下计数模式
  EPwm2Regs.TBCTL.all = 0x200E;       //ePWM2 向上/向下计数模式,使能装载相位寄存器的值
  EPwm3Regs.TBCTL.all = 0x200E;       //ePWM3 向上/向下计数模式,使能装载相位寄存器的值
  EPwm1Regs.TBPRD = SP;               //ePWM1 周期 = 2 × SP × TBCLK 周期
```

```
    EPwm2Regs.TBPRD = SP;                    //ePWM2 周期 = 2 × SP × TBCLK 周期
    EPwm3Regs.TBPRD = SP;                    //ePWM3 周期 = 2 × SP × TBCLK 周期

    EPwm1Regs.TBPHS.half.TBPHS = 0;          //PWM 模块 1 清零相位寄存器
    EPwm2Regs.TBPHS.half.TBPHS = 0;
    EPwm3Regs.TBPHS.half.TBPHS = 0;
    EPwm1Regs.TBCTR = 0;                     //PWM 模块 1 时基计数器清零
    EPwm2Regs.TBCTR = 0;
    EPwm3Regs.TBCTR = 0;

    EPwm1Regs.CMPCTL.all = 0x50;             //PWM 模块 1 的 CMPA 和 CMPB 配置为立即模式
    EPwm2Regs.CMPCTL.all = 0x50;
    EPwm3Regs.CMPCTL.all = 0x50;

    EPwm1Regs.CMPA.half.CMPA = SP/5;         //CMPA 赋值,调节 ePWM1A 的占空比
    EPwm2Regs.CMPA.half.CMPA = SP/5;
    EPwm3Regs.CMPA.half.CMPA = SP/5;
    EPwm1Regs.CMPB = SP/5;                   //CMPB 赋值
    EPwm2Regs.CMPB = SP/5;
    EPwm3Regs.CMPB = SP/5;
    EPwm1Regs.AQCTLA.all = 0x90;             //向下计数,当 CTR = CMPA 时,ePWM1A 输出置高;
                                             //向上计数,当 CTR = CMPA 时,ePWM1A 输出为低
    EPwm1Regs.AQCSFRC.all = 0x8;             //强制 ePWM1B 输出置高
    EPwm2Regs.AQCSFRC.all = 0x0a;            //强制 ePWM2A 和 ePWM2B 输出置高
    EPwm3Regs.AQCTLB.all = 0x90;             //向下计数,当 CTR = CMPA 时,ePWM3B 输出置高;
                                             //向上计数,当 CTR = CMPA 时,ePWM3B 输出为低
    EPwm3Regs.AQCSFRC.all = 0x2;             //强制 ePWM3A 输出置高
    EPwm1Regs.DBCTL.all = 0x0;               //ePWM1B 和 ePWM1A 不经过死区模块
    EPwm2Regs.DBCTL.all = 0x0;
    EPwm3Regs.DBCTL.all = 0x0;
}
```

习题及思考题

(1) 相位寄存器的作用是什么?

(2) ePWM 模块有几个子模块? 各有什么作用?

(3) 如何在 PWM 波形中插入死区?

## 第 6 章

捕 获 模 块

在控制系统中,通常要捕获外部输入的脉冲信号,增强型脉冲捕获模块(eCAP)和增强型正交编码模块(eQEP)应用非常广泛。

6.1 增强型 eCAP 模块

DSP2833x 设置了脉冲捕获模块(eCAP)来处理输入的脉冲信号。通过脉冲捕获模块可以捕获外部 eCAP 引脚上输入的脉冲信号的上升沿与下降沿,并利用内部定时器对外部事件或者引脚状态变化进行处理,进而可以计算出输入的脉冲信号的宽度和占空比以及计算电动机的转速等。

F2833x 共有 6 个增强型 eCAP 模块,每个 eCAP 模块具有捕捉和 APWM 两种工作模式。捕捉模式可以完成输入脉冲的捕捉和相关参数的测量;APWM 模式则是将 eCAP 模块作为一个单通道的脉冲宽度调制(PWM)发生器,用来输出 PWM 波形,两种模式都可以触发相应的中断。eCAP 模块的主要特点如下。

(1) 具有一个 32 位的时间基准,当 DSP 系统时钟为 150MHz 时,时间分辨率为 6.67ns。

(2) 具有 4 个 32 位的时间标志计数寄存器以存储捕获事件的发生时刻。

(3) 4 个事件(CEVT1～CEVT4)中任意一个都可以产生中断。

(4) 4 个捕获事件序列可以为最多 4 个序列的捕获事件(CEVT1～CEVT4)配置捕获事件的边沿极性(上升沿或下降沿)。

(5) 可以实现 4 个捕获事件(CEVT1～CEVT4)连续捕获,可以捕获绝对/差分的时间标签。

(6) 可以作为一个单通道的 PWM 输出。

eCAP 模块操作模式结构如图 6-1 所示。

当工作在输入捕获模式时,CAP1～CAP4 作为捕捉状态控制寄存器使用。当工作在 APWM 模式时,CAP1 和 CAP2 分别作为周期寄存器和比较寄存器使用,而此时 CAP3 和 CAP4 分别作为周期寄存器和比较寄存器的映射寄存器。

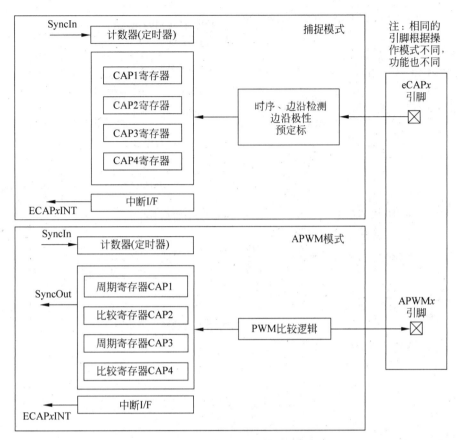

图 6-1 eCAP 模块操作模式结构图

6.1.1 捕获模式

eCAP 模块捕获功能结构如图 6-2 所示。

1）事件预分频

eCAP 模块捕获脉冲时可通过预分频寄存器对捕获模块的输入信号进行 $N=2\sim$ 62 分频，当外部输入信号频率较高时此功能非常有用。输入捕获事件预分频原理图如图 6-3 所示。

2）边沿极性选择和量化

每个 eCAP 模块都具有 4 个边沿捕获事件（CEVT1～CEVT4），可以使用边沿极性选择器对每个捕获事件设置不同的边沿极性，每个边沿事件可以经过事件选择控制（模 4 计数器）进行限定，这个事件选择控制（模 4 计数器）可以将每个边沿事件的发生时刻锁存到相应的 CAPx 寄存器中。

3）连续/单次捕捉

在捕捉模式时，模 4 计数器（2 位）有连续捕获和单次捕获两种工作状态。连续捕获状态时，每来一个捕获触发事件，模 4 计数器就增加 1，通过设置使模 4 计数器工作在循

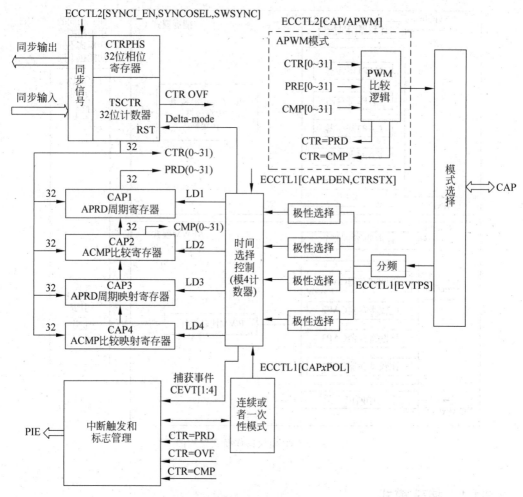

图 6-2   eCAP 捕获功能结构框图

环计数模式（0→1→2→3→0），在计数的同时，当捕获事件发生时依次将时间计数器的值装载到 CAP1～CAP4 寄存器中。单次捕获状态时，模 4 计数器的计数值与 2 位的停止寄存器（ECCTL2[STOP_WRAP]）的设定值进行比较，如果模 4 计数器的计数值等于停止寄存器的值，模 4 计数器将不再计数，并且禁止数据装载至 CAP1～CAP4 寄存器。在单次捕获模式下，每捕获一个序列就停止，若要重新启动，需要对寄存器重新赋值。

4）相位控制

eCAP 模块通过一个 32 位计数器为捕获事件提供基准时钟，它直接由系统时钟 SYSCLKOUT 驱动。相位控制指的是通过软件或硬件将多个 eCAP 模块的计数器进行同步，实现多个 eCAP 模块的协同工作。

5）中断功能

eCAP 模块一共可以产生 7 种中断事件（捕捉模式 5 种，APWM 模式 2 种），可以实现对不同事件的中断响应。

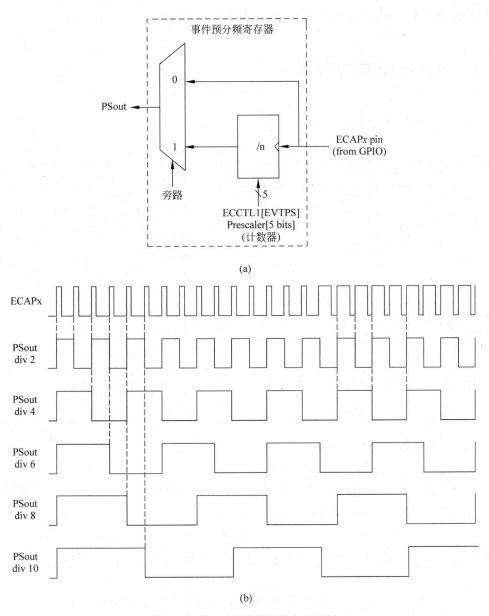

图 6-3 输入捕获事件预分频原理图

6.1.2 APWM 工作模式

eCAP 模块可以用来生成一个单通道的 PWM 信号。TSCTR 计数器工作在递增计数模式，可以提供时基用来产生不同占空比的 PWM 信号。CAP1 与 CAP2 寄存器分别作为周期寄存器和比较寄存器，CAP3 与 CAP4 寄存器作为周期寄存器和比较寄存器的映射寄存器。CAP1 和 CAP2 与映射寄存器 CAP3 和 CAP4 配合形成双缓冲机制。

eCAP 模块当作一个 APWM 模式在实际工程中使用得较少。

6.2　eCAP 模块寄存器

eCAP 模块寄存器见表 6-1。

表 6-1　eCAP 模块寄存器列表

名　称	地　址	长度(×16)	功能描述
TSCTR	0x0000	2	时间标志计数器寄存器
CTRPHS	0x0002	2	计数器相位控制寄存器
CAP1	0x0004	2	捕获寄存器 1/周期寄存器
CAP2	0x0006	2	捕获寄存器 2/比较寄存器
CAP3	0x0008	2	捕获寄存器 3/周期寄存器(映射)
CAP4	0x000A	2	捕获寄存器 4/比较寄存器(映射)
ECCTL1	0x0014	1	eCAP 模块控制寄存器 1
ECCTL2	0x0015	1	eCAP 模块控制寄存器 2
ECEINT	0x0016	1	eCAP 模块中断使能寄存器
ECFLG	0x0017	1	eCAP 模块中断标志寄存器
ECCLR	0x0018	1	eCAP 模块中断标志清除寄存器
ECFRC	0x0019	1	eCAP 模块中断强制产生寄存器

eCAP 模块寄存器介绍如下。

1) TSCTR、CTRPHS 和捕获寄存器

eCAP 模块中的时间标志计数寄存器 TSCTR、计数相位控制寄存器 CTRPHS、捕获寄存器 CAP1~CAP4 说明分别见图 6-4 和表 6-2。

D31~D0

TSCTR/ CTRPHS/CAP1/CAP2/CAP3/CAP4

R/W-0

图 6-4　TSCTR/CTRPHS/CAP1/CAP2/CAP3/CAP4 寄存器的位定义

表 6-2　TSCTR/CTRPHS/CAP1/CAP2/CAP3/CAP4 寄存器名称和功能描述

名　称	功　能　描　述
TSCTR	用于捕获时间基准的 32 位计数寄存器
CTRPHS	用来控制多个 eCAP 模块间的相位关系,在外部同步事件 SYNCI 或软件强制同步 S/W 时,CTRPHS 的值装载到 TSCTR 中
CAPx(x=1~4)	①捕获事件时,装载 TSCTR 值;②APWM 模式,CAP1 和 CAP2 分别装载周期 APRD 的值和比较值 ACMP 的值;CAP3 和 CAP4 分别起到 APRD 映射寄存器的作用和 ACMP 映射寄存器的作用

TSCTR 的计数是基于系统时钟的,是对系统时钟的计数。计数器可以设置为绝对计数或相对计数,绝对计数就是计数加到溢出或软件清零为止,相对计数就是每检测到一次捕获事件就自动清零一次。

CTRPHS 用于实现不同 eCAP 模块间的同步,可实现相位的滞后和超前。

CAP1～CAP4 这 4 个寄存器用于捕获模式下捕获时刻以及 APWM 模式下的参数设定。

2) 控制寄存器

eCAP 模块的控制寄存器有 2 个,用于实现各个参数的配置以及具体工作模式的实现,ECCTL1 寄存器定义见图 6-5 和表 6-3,ECCTL2 寄存器定义见图 6-6 和表 6-4。

15		14	13				9	8	
FREE/SOFT			PRESCALE					CAPLDEN	
R/W-0			R/W-0					R/W-0	
7	6	5	4	3	2		1	0	
CTRRST4	CAP4POL	CTRRST3	CAP3POL	CTRRST2	CAP2POL		CTRRST1	CAP1POL	
R/W-0	R/W-0	R/W-0	R/W-0	R/W-0	R/W-0		R/W-0	R/W-0	

图 6-5 eCAP 模块控制寄存器 1(ECCTL1)

表 6-3 控制寄存器 ECCTL1

位	名 称	说 明
15、14	FREE/SOFT	仿真控制位 ① 00:仿真挂起时,TSCTR 计数器立即停止 ② 01:TSCTR 计数器计数直到等于 0 ③ 1x:TSCTR 计数器不受影响
13～9	PRESCALE	事件预分频控制位 ① 0000:不分频 ② 0001～1111(k):分频系数为 2k
8	CAPLDEN	控制在捕获事件发生时是否装载 CAP1～CAP4 ① 0:禁止装载 ② 1:使能装载
7	CTRRST4	捕获事件 4 发生时计数器复位控制位 ① 0:在捕获事件发生时不复位计数器(绝对时间模式) ② 1:在捕获事件发生时复位计数器(差分时间模式)
6	CAP4POL	选择捕获事件 4 的触发极性 ① 0:上升沿触发捕获事件 ② 1:下降沿触发捕获事件
5	CTRRST3	捕获事件 3 发生时计数器复位控制位 此处设置同第 7 位
4	CAP3POL	选择捕获事件 3 的触发极性 此处设置同第 6 位

续表

位	名　称	说　明
3	CTRRST2	捕获事件 2 发生时计数器复位控制位 此处设置同第 7 位
2	CAP2POL	选择捕获事件 2 的触发极性 此处设置同第 6 位
1	CTRRST1	捕获事件 1 发生时计数器复位控制位 此处设置同第 7 位
0	CAP1POL	选择捕获事件 1 的触发极性 此处设置同第 6 位

15			11	10	9	8
	Reserved			APWMPOL	CAP/APWM	SWSYNC
	R-0			R/W-0	R/W-0	R/W-0

7	6	5	4	3	2	1	0
SYNCO_SEL		SYNCI_EN	TSCTRSTOP	REARM	STOP_WRAP		CONT/ONESHT
R/W-0		R/W-0	R/W-0	R/W-0	R/W-0		R/W-0

图 6-6　控制寄存器 2(ECCTL2)

表 6-4　控制寄存器 ECCTL2

位	名　称	说　明
15～11	Reserved	保留
10	APWMPOL	APWM 输出极选择位(仅适用于 APWM 模式) ① 0：输出为高电平有效(比较值决定高电平时间) ② 1：输出为低电平有效(比较值决定低电平时间)
9	CAP/APWM	CAP/APWM 工作模式选择位 ① 0：工作在捕获模式 ② 1：工作在 APWM 模式
8	SWSYNC	软件强制同步脉冲产生,用来同步所有 eCAP 模块内的计数器 ① 0：无效,返回 0 ② 1：强制产生一次同步事件,写 1 后自动清零
7,6	SYNCO_SEL	同步输出选择位 ① 00：同步输入 SYNC_IN 作为同步输出 SYNC_OUT 信号 ② 01：选择 CTR=PRD 事件作为 SYNC_OUT 信号 ③ 1x：禁止 SYNC_OUT 同步信号输出
5	SYNCI_EN	计数器 TSCTR 同步使能位 ① 0：禁止同步功能 ② 1：在外部同步事件 SYNCI 信号或软件强制复位 S/W 事件时,将 CTRPHS 装载到 TSCTR 事件中
4	TSCTRSTOP	TSCTR 控制位 ① 0：TSCTR 计数停止 ② 1：TSCTR 继续计数

续表

位	名 称	说 明
3	REARM	单次运行时重新装载控制,在单次和连续运行时都有效 ① 0:无效 ② 1:将单次运行序列装载如下 Mod4 计数器复位到 0 解冻 Mod4 计数器 使能捕获事件装载功能
2、1	STOP_WRAP	单次控制方式下的停止值,连续控制方式下的溢出值 ① 00:在捕获事件 1 发生后停止(单次控制),在捕获事件 1 发生后计数器正常运行(连续控制) ② 01:在捕获事件 2 发生后停止(单次控制),在捕获事件 2 发生后计数器正常运行(连续控制) ③ 10:在捕获事件 3 发生后停止(单次控制),在捕获事件 3 发生后计数器正常运行(连续控制) ④ 11:在捕获事件 4 发生后停止(单次控制),在捕获事件 4 发生后计数器正常运行(连续控制) 注:STOP_WRAP 的值与 Mod4 的值进行比较,相等时发生如下动作 Mod4 计数器停止;捕获寄存器不再装载新的数据。在单次控制方式下,重新装载后才能产生新的中断信号
0	CONT/ONESHT	连续/单次控制方式选择位 ① 0:连续控制方式 ② 1:单次控制方式

3) 中断相关寄存器

eCAP 模块的中断相关寄存器主要有:中断使能寄存器 ECEINT、中断标志寄存器 ECFLG、中断清除寄存器 ECCLR 和中断强制使能寄存器 ECFRC。为实现 eCAP 中断的正确使能和产生,需要正确配置 eCAP 模块的中断使能寄存器 ECEINT,这些寄存器定义分别如图 6-7~图 6-10 以及表 6-5~表 6-8 所示。

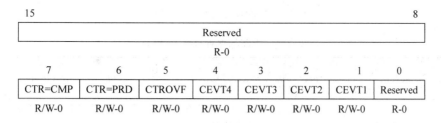

图 6-7 中断控制寄存器(ECEINT)

表 6-5 中断控制寄存器 ECEINT

位	名 称	说 明
15~8	Reserved	保留
7	CTR=CMP	计数器等于比较值中断使能位 ① 0:禁止中断 ② 1:使能中断

续表

位	名　称	说　　明
6	CTR＝PRD	计数器等于最大值中断使能位 ① 0：禁止中断 ② 1：使能中断
5	CTROVF	计数器上溢中断使能位 ① 0：禁止中断 ② 1：使能中断
4	CEVT4	捕获事件 4 中断使能位 ① 0：禁止中断 ② 1：使能中断
3	CEVT3	捕获事件 3 中断使能位 ① 0：禁止中断 ② 1：使能中断
2	CEVT2	捕获事件 2 中断使能位 ① 0：禁止中断 ② 1：使能中断
1	CEVT1	捕获事件 1 中断使能位 ① 0：禁止中断 ② 1：使能中断
0	Reserved	保留

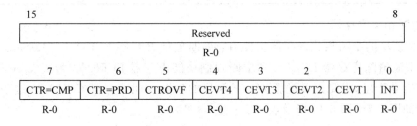

图 6-8　中断标志寄存器(ECFLG)

表 6-6　中断标志寄存器 ECFLG

位	名　称	说　　明
15～8	Reserved	保留
7	CTR＝CMP	计数器等于比较值中断标志位(仅在 APWM 模式下有效) ① 0：无中断事件 ② 1：有中断事件
6	CTR＝PRD	计数器等于最大值中断使能位(仅在 APWM 模式下有效) ① 0：无中断事件 ② 1：有中断事件
5	CTROVF	计数器上溢中断标志位 ① 0：无中断事件 ② 1：有中断事件

续表

位	名　称	说　　明
4	CEVT4	捕获事件 4 中断标志位 ① 0：无中断事件 ② 1：有中断事件
3	CEVT3	捕获事件 3 中断标志位 ① 0：无中断事件 ② 1：有中断事件
2	CEVT2	捕获事件 2 中断标志位 ① 0：无中断事件 ② 1：有中断事件
1	CEVT1	捕获事件 1 中断标志位 ① 0：无中断事件 ② 1：有中断事件
0	INT	全局中断标志位 ① 0：无中断事件 ② 1：有中断事件

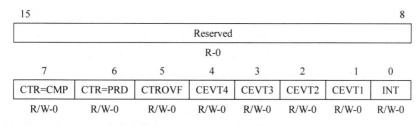

图 6-9　中断清除寄存器(ECCLR)

表 6-7　中断清除寄存器 ECCLR

位	名　称	说　　明
15～8	Reserved	保留
7	CTR=CMP	计数器等于比较值中断标志清除位 0：写 0 无效，返回 0 1：写 1 清除相应中断标志
6	CTR=PRD	计数器等于最大值中断标志清除位 0：写 0 无效，返回 0 1：写 1 清除相应中断标志
5	CTROVF	计数器上溢中断标志清除位 0：写 0 无效，返回 0 1：写 1 清除相应中断标志
4	CEVT4	捕获事件 4 中断标志清除位 0：写 0 无效，返回 0 1：写 1 清除相应中断标志

续表

位	名　称	说　明
3	CEVT3	捕获事件 3 中断标志清除位 0：写 0 无效，返回 0 1：写 1 清除相应中断标志
2	CEVT2	捕获事件 2 中断标志清除位 0：写 0 无效，返回 0 1：写 1 清除相应中断标志
1	CEVT1	捕获事件 1 中断标志清除位 0：写 0 无效，返回 0 1：写 1 清除相应中断标志
0	INT	全局中断标志清除位 0：写 0 无效，返回 0 1：写 1 清除相应中断标志

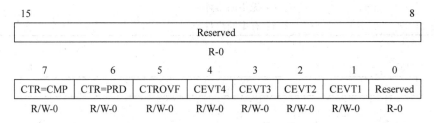

图 6-10　中断强制使能寄存器（ECFRC）

表 6-8　中断强制使能寄存器 ECFRC

位	名　称	说　明
15~8	Reserved	保留
7	CTR＝CMP	计数器等于比较值中断强制产生位 0：写 0 无效，返回 0 1：写 1 将相应中断标志位置 1
6	CTR＝PRD	计数器等于最大值中断强制产生位 0：写 0 无效，返回 0 1：写 1 将相应中断标志位置 1
5	CTROVF	计数器上溢中断强制产生位 0：写 0 无效，返回 0 1：写 1 将相应中断标志位置 1
4	CEVT4	捕获事件 4 中断强制产生位 0：写 0 无效，返回 0 1：写 1 将相应中断标志位置 1
3	CEVT3	捕获事件 3 中断强制产生位 0：写 0 无效，返回 0 1：写 1 将相应中断标志位置 1

续表

位	名　称	说　　明
2	CEVT2	捕获事件 2 中断强制产生位 0：写 0 无效，返回 0 1：写 1 将相应中断标志位置 1
1	CEVT1	捕获事件 1 中断强制产生位 0：写 0 无效，返回 0 1：写 1 将相应中断标志位置 1
0	Reserved	保留

7 个中断事件（CEVT1、CEVT2、CEVT3、CEVT4、CTROVF、CTR＝PRD、CTR＝CMP）可以产生中断。中断使能寄存器（ECEINT）用于使能/屏蔽中断源。中断标志寄存器（ECFLG）包含中断事件标志和全局中断标志位（INT）。

【例 6-1】 要求采用连续绝对计数模式计算输入脉冲信号的周期和采用连续相对计数模式计算输入脉冲信号的占空比。

（1）连续绝对计数模式。上升沿触发捕获事件如图 6-11 所示，其中计数器在每次捕获事件发生时不复位计数器（绝对计数模式）。相应程序如下。

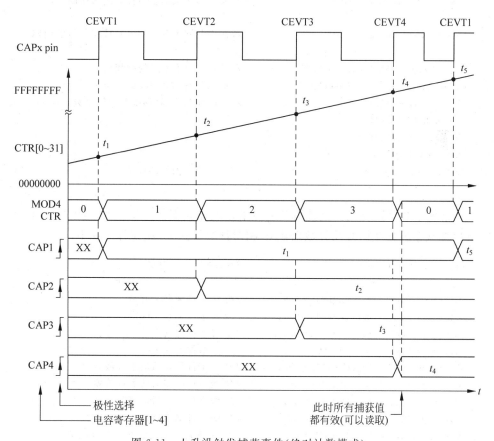

图 6-11　上升沿触发捕获事件（绝对计数模式）

```
void SetCap1Mode(void)                          //eCAP 模块 1 设置
{
    ECap1Regs.ECCTL1.bit.CAP1POL = 0x0;         //1 级事件捕获上升沿
    ECap1Regs.ECCTL1.bit.CAP2POL = 0x0;         //2 级事件捕获上升沿
    ECap1Regs.ECCTL1.bit.CAP3POL = 0x0;         //3 级事件捕获上升沿
    ECap1Regs.ECCTL1.bit.CAP4POL = 0x0;         //4 级事件捕获上升沿
    ECap1Regs.ECCTL1.bit.CTRRST1 = 0x0;         //1 级事件捕获后不清零计数器
    ECap1Regs.ECCTL1.bit.CTRRST2 = 0x0;         //2 级事件捕获后不清零计数器
    ECap1Regs.ECCTL1.bit.CTRRST3 = 0x0;         //3 级事件捕获后不清零计数器
    ECap1Regs.ECCTL1.bit.CTRRST4 = 0x0;         //4 级事件捕获后不清零计数器
    ECap1Regs.ECCTL1.bit.CAPLDEN = 0x1;         //使能事件捕获时装载计数器的值
    ECap1Regs.ECCTL1.bit.PRESCALE = 0x0;        //对外信号不分频
    ECap1Regs.ECCTL2.bit.CAP_APWM = 0x0;        //捕获模式
    ECap1Regs.ECCTL2.bit.CONT_ONESHT = 0x0;     //连续捕获
    ECap1Regs.ECCTL2.bit.SYNCO_SEL = 0x2;       //屏蔽同步信号输出
    ECap1Regs.ECCTL2.bit.SYNCI_EN = 0x0;        //屏蔽同步信号输入
    ECap1Regs.ECEINT.all = 0x0000;              //停止所有 CAP 中断
    ECap1Regs.ECCLR.all = 0xFFFF;               //清除所有 CAP 中断标志位
    ECap1Regs.ECCTL2.bit.TSCTRSTOP = 0x1;       //启动 CAP 计数器
    ECap1Regs.ECEINT.bit.CEVT4 = 1;             //发生第 4 级捕获事件时进入中断
}
interrupt void ISRCap1(void)                    //在中断服务程序中计算捕获信号的周期
{
    PieCtrlRegs.PIEACK.all = 0x0008;            //打开 PIE 第 4 组的门禁信号
    ECap1Regs.ECCLR.all = 0xFFFF;               //清除所有 CAP 中断标志位
    t1 = ECap1Regs.CAP1;                        //读取捕获时间(系统时钟的个数)
    t2 = ECap1Regs.CAP2;
    t3 = ECap1Regs.CAP3;
    t4 = ECap1Regs.CAP4;
    T1 = t2 - t1;T2 = t4 - t3;                  //计算捕获信号的周期
}
```

（2）连续相对计数模式。上升沿及下降沿触发捕获事件如图 6-12 所示。其中，计数器在每次捕获事件发生时复位计数器到 0（相对计数模式）。相应程序如下。

```
void SetCap1Mode(void)                          //eCAP 模块 1 设置
{
    ECap1Regs.ECCTL1.bit.CAP1POL = 0x0;         //1 级事件捕获上升沿
    ECap1Regs.ECCTL1.bit.CAP2POL = 0x1;         //2 级事件捕获下降沿
    ECap1Regs.ECCTL1.bit.CAP3POL = 0x0;         //3 级事件捕获上升沿
    ECap1Regs.ECCTL1.bit.CAP4POL = 0x1;         //4 级事件捕获下降沿
    ECap1Regs.ECCTL1.bit.CTRRST1 = 0x1;         //1 级事件捕获后清零计数器
    ECap1Regs.ECCTL1.bit.CTRRST2 = 0x1;         //2 级事件捕获后清零计数器
    ECap1Regs.ECCTL1.bit.CTRRST3 = 0x1;         //3 级事件捕获后清零计数器
    ECap1Regs.ECCTL1.bit.CTRRST4 = 0x1;         //4 级事件捕获后清零计数器
    ECap1Regs.ECCTL1.bit.CAPLDEN = 0x1;         //使能事件捕获时装载计数器的值
    ECap1Regs.ECCTL1.bit.PRESCALE = 0x0;        //对外信号不分频
```

```
    ECap1Regs.ECCTL2.bit.CAP_APWM = 0x0;          //捕获模式
    ECap1Regs.ECCTL2.bit.CONT_ONESHT = 0x0;       //连续捕获
    ECap1Regs.ECCTL2.bit.SYNCO_SEL = 0x2;         //屏蔽同步信号输出
    ECap1Regs.ECCTL2.bit.SYNCI_EN = 0x0;          //屏蔽同步信号输入
    ECap1Regs.ECEINT.all = 0x0000;                //停止所有 CAP 中断
    ECap1Regs.ECCLR.all = 0xFFFF;                 //清除所有 CAP 中断标志位
    ECap1Regs.ECCTL2.bit.TSCTRSTOP = 0x1;         //启动 CAP 计数器
    ECap1Regs.ECEINT.bit.CEVT4 = 1;               //发生第 4 级捕获事件时进入中断
}
interrupt void ISRCap1(void)                      //在中断服务程序中计算捕获信号的周期
{
    PieCtrlRegs.PIEACK.all = 0x0008;              //打开 PIE 第 4 组的门禁信号
    ECap1Regs.ECCLR.all = 0xFFFF;                 //清除所有 CAP 中断标志位
    t1 = ECap1Regs.CAP2;                          //T1 时刻捕获时间(系统时钟的个数)
    t2 = ECap1Regs.CAP3;                          //T2 时刻捕获时间
    t3 = ECap1Regs.CAP4;                          //T3 时刻捕获时间
    t4 = ECap1Regs.CAP1;                          //T4 时刻捕获时间
    T1 = t2 + t3;T2 = t4 + t1;                    //计算捕获信号的周期
}
```

注意：在中断服务程序里必须通过中断清除寄存器(ECCLR)清除全局中断标志和开门禁信号。

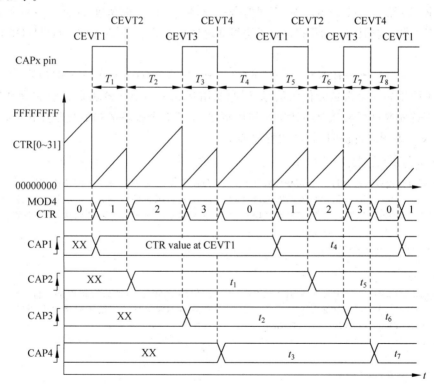

图 6-12　上升沿及下降沿触发捕获事件

6.3　eCAP 模块应用实例

图 6-13 所示的是无刷直流电动机位置检测环节输出的脉冲信号,采用 3 个霍尔元件检测转子的位置信息。由霍尔元件所输出的转子位置脉冲信号送到功率变换电路,经处理后送入 DSP 的 eCAP 模块,DSP 通过读取霍尔元件的状态值确定转子的当前位置。

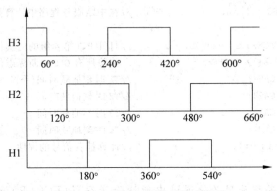

图 6-13　3 个霍尔元件的输出信号

要求:按照 H1H2H3 输出的不同信号组合,每经过 60°电角度,霍尔元件的状态发生一次改变,同时按照图 9-5 所示的定子绕组通电顺序进行相应的切换。H1H2H3 的切换顺序为

$$101(5) \longrightarrow 100(4) \longrightarrow 110(6) \longrightarrow 010(2) \longrightarrow 011(3) \longrightarrow 001(1)$$

由于要采集 3 个霍尔元件的信号,因此要用到 3 个 eCAP 模块来分别捕获霍尔元件的状态。首先要进行 3 个 eCAP 模块的初始化,由于 3 个模块的初始化程序雷同,下面以 eCAP1 模块为例进行说明,相应的程序如下。

```
void ChoseCap(void)
{ SysCtrlRegs.PCLKCR1.bit.ECAP1ENCLK = 1;    //使能系统时钟为 eCAP1 模块提供时钟
  SysCtrlRegs.PCLKCR1.bit.ECAP2ENCLK = 1;    //使能系统时钟为 eCAP2 模块提供时钟
  SysCtrlRegs.PCLKCR1.bit.ECAP3ENCLK = 1;    //使能系统时钟为 eCAP3 模块提供时钟
}
void InitECap1Gpio(void)
{
  EALLOW;
  GpioCtrlRegs.GPAPUD.bit.GPIO24 = 0;        //使能 eCAP1(GPIO24)模块内部上拉
  GpioCtrlRegs.GPAQSEL2.bit.GPIO24 = 0;      //使能 eCAP1 时钟与系统时钟输出同步
  GpioCtrlRegs.GPAMUX2.bit.GPIO24 = 1;       //配置 GPIO24 作为 eCAP1
  EDIS;
}
void SetCap1Mode(void)
{
  ECap1Regs.ECCTL1.bit.CAP1POL = 0x0;        //CAP1 捕获上升沿
  ECap1Regs.ECCTL1.bit.CAP2POL = 0x1;        //CAP2 捕获下降沿
```

```
ECap1Regs.ECCTL1.bit.CAP3POL = 0x0;          //CAP3 捕获上升沿
ECap1Regs.ECCTL1.bit.CAP4POL = 0x1;          //CAP4 捕获下降沿
ECap1Regs.ECCTL1.bit.CTRRST1 = 0x0;          //1 级事件捕获后不清零计数器
ECap1Regs.ECCTL1.bit.CTRRST2 = 0x0;          //2 级事件捕获后不清零计数器
ECap1Regs.ECCTL1.bit.CTRRST3 = 0x0;          //3 级事件捕获后不清零计数器
ECap1Regs.ECCTL1.bit.CTRRST4 = 0x0;          //4 级事件捕获后不清零计数器
ECap1Regs.ECCTL1.bit.CAPLDEN = 0x1;          //使能事件捕获时装载计数器的值
ECap1Regs.ECCTL1.bit.PRESCALE = 0x0;         //对外信号不分频
ECap1Regs.ECCTL2.bit.CAP_APWM = 0x0;         //捕获模式
ECap1Regs.ECCTL2.bit.CONT_ONESHT = 0x0;      //连续捕获
ECap1Regs.ECCTL2.bit.SYNCO_SEL = 0x2;        //屏蔽同步信号输出
ECap1Regs.ECCTL2.bit.SYNCI_EN = 0x0;         //屏蔽同步信号输入
ECap1Regs.ECEINT.all = 0x0000;               //停止所有 CAP 中断
ECap1Regs.ECCLR.all = 0xFFFF;                //清除所有 CAP 中断标志位
ECap1Regs.ECCTL2.bit.TSCTRSTOP = 0x1;        //启动
ECap1Regs.ECEINT.bit.CEVT1 = 1;              //发生第 1 级捕获事件时进入中断
ECap1Regs.ECEINT.bit.CEVT2 = 1;              //发生第 2 级捕获事件时进入中断
ECap1Regs.ECEINT.bit.CEVT3 = 1;              //发生第 3 级捕获事件时进入中断
ECap1Regs.ECEINT.bit.CEVT4 = 1;              //发生第 4 级捕获事件时进入中断
}
```

读取霍尔元件的状态和切换定子绕组的通电顺序通常是在 CAP 中断服务程序中实现的。eCAP 模块的中断服务程序如下。

```
interrupt void ISRCap(void)
{
    GpioCtrlRegs.GPAMUX2.bit.GPIO24 = 0;    //设定 eCAP1 为 GPIO
    GpioCtrlRegs.GPAMUX2.bit.GPIO25 = 0;    //设定 eCAP2 为 GPIO
    GpioCtrlRegs.GPAMUX2.bit.GPIO26 = 0;    //设定 eCAP3 为 GPIO
    GpioCtrlRegs.GPADIR.bit.GPIO24 = 0;     //设定 eCAP1 为输入
    GpioCtrlRegs.GPADIR.bit.GPIO25 = 0;     //设定 eCAP2 为输入
    GpioCtrlRegs.GPADIR.bit.GPIO26 = 0;     //设定 eCAP3 为输入
    capstastus = (GpioDataRegs.GPADAT.all&0x07000000)>> 24;    //读 H1H2H3 的状态
    switch(capstastus)                      //驱动芯片高低电平的输出与输入信号是反相的
    {
      case 1:
        EPwm1Regs.AQCTLA.all = 0x90;        //向下计数,当 CTR = CMPA 时,ePWM1A 输出置高;
                                            //向上计数,当 CTR = CMPA 时,ePWM1A 输出为低
        EPwm1Regs.AQCSFRC.all = 0x8;        //强制 ePWM1B 输出置高
        EPwm2Regs.AQCSFRC.all = 0x0a;       //强制 ePWM2A 和 ePWM2B 输出置高
        EPwm3Regs.AQCTLB.all = 0x90;        //向下计数,当 CTR = CMPA 时,ePWM3B 输出置高;
                                            //向上计数,当 CTR = CMPA 时,ePWM3B 输出为低
        EPwm3Regs.AQCSFRC.all = 0x2;        //强制 ePWM3A 输出置高
          break;
      case 2:
        EPwm1Regs.AQCSFRC.all = 0x2;        //强制 ePWM1A 输出置高
        EPwm1Regs.AQCTLB.all = 0x90;        //向下计数,当 CTR = CMPA 时,ePWM1B 输出置高;
                                            //向上计数,当 CTR = CMPA 时,ePWM1B 输出为低
        EPwm2Regs.AQCTLA.all = 0x90;        //向下计数,当 CTR = CMPA 时,ePWM2A 输出置高;
                                            //向上计数,当 CTR = CMPA 时,ePWM2A 输出为低
```

```
    EPwm2Regs.AQCSFRC.all = 0x8;        //强制 ePWM2B 输出置高
    EPwm3Regs.AQCSFRC.all = 0xA;        //强制 ePWM3A 和 ePWM3B 输出置高
        break;
case 3:
    EPwm1Regs.AQCSFRC.all = 0xA;        //强制 ePWM1A 和 ePWM1B 输出置高
    EPwm2Regs.AQCTLA.all = 0x90;        //向下计数,当 CTR = CMPA 时,ePWM2A 输出置高;
                                        //向上计数,当 CTR = CMPA 时,ePWM2A 输出为低
    EPwm2Regs.AQCSFRC.all = 0x8;        //强制 ePWM2B 输出置高
    EPwm3Regs.AQCSFRC.all = 0x2;        //强制 ePWM3A 输出置高
    EPwm3Regs.AQCTLB.all = 0x90;        //向下计数,当 CTR = CMPA 时,ePWM3B 输出置高;
                                        //向上计数,当 CTR = CMPA 时,ePWM3B 输出为低
        break;
case 4:
    EPwm1Regs.AQCSFRC.all = 0xA;
    EPwm2Regs.AQCTLB.all = 0x90;        //向下计数,当 CTR = CMPA 时,ePWM2B 输出置高;
                                        //向上计数,当 CTR = CMPA 时,ePWM2B 输出为低
    EPwm2Regs.AQCSFRC.all = 0x2;        //强制 ePWM2A 输出置高
    EPwm3Regs.AQCSFRC.all = 0x8;        //强制 ePWM3B 输出置高
    EPwm3Regs.AQCTLA.all = 0x90;        //向下计数,当 CTR = CMPA 时,ePWM3A 输出置高;
                                        //向上计数,当 CTR = CMPA 时,ePWM3A 输出为低
        break;
case 5:
    EPwm1Regs.AQCSFRC.all = 0x8;        //强制 ePWM1B 输出置高
    EPwm1Regs.AQCTLA.all = 0x90;        //向下计数,当 CTR = CMPA 时,ePWM1A 输出置高;
                                        //向上计数,当 CTR = CMPA 时,ePWM1A 输出为低
    EPwm2Regs.AQCTLB.all = 0x90;        //向下计数,当 CTR = CMPA 时,ePWM2B 输出置高;
                                        //向上计数,当 CTR = CMPA 时,ePWM2B 输出为低
    EPwm2Regs.AQCSFRC.all = 0x2;        //强制 ePWM2A 输出置高
    EPwm3Regs.AQCSFRC.all = 0xA;        //强制 ePWM3A 和 ePWM3B 输出置高
        break;
case 6:
    EPwm1Regs.AQCTLB.all = 0x90;        //向下计数,当 CTR = CMPA 时,ePWM1B 输出置高;
                                        //向上计数,当 CTR = CMPA 时,ePWM1B 输出为低
    EPwm1Regs.AQCSFRC.all = 0x2;        //强制 ePWM1A 输出置高
    EPwm2Regs.AQCSFRC.all = 0x0a;       //强制 ePWM2A 和 ePWM2B 输出置高
    EPwm3Regs.AQCTLA.all = 0x90;        //向下计数,当 CTR = CMPA 时,ePWM3A 输出置高;
                                        //向上计数,当 CTR = CMPA 时,ePWM3A 输出为低
    EPwm3Regs.AQCSFRC.all = 0x8;        //强制 ePWM3B 输出置高
        break;
    GpioCtrlRegs.GPAMUX2.bit.GPIO24 = 1;    //设定 eCAP1 为 cap
    GpioCtrlRegs.GPAMUX2.bit.GPIO25 = 1;    //设定 eCAP2 为 cap
    GpioCtrlRegs.GPAMUX2.bit.GPIO26 = 1;    //设定 eCAP3 为 cap
    //Acknowledge this interrupt to receive more interrupts from group 1
    PieCtrlRegs.PIEACK.all = PIEACK_GROUP4;  //0x0008
    ECap1Regs.ECCLR.all = 0xFFFF;           //清除中断标志位
    ECap2Regs.ECCLR.all = 0xFFFF;
    ECap3Regs.ECCLR.all = 0xFFFF;
    }
    }
```

6.4　eQEP 模块

　　F2833x 有 2 个独立的增强型正交编码模块 eQEP(Enchanced Quadrature Encoder Pulse),通常配合光电编码器一起使用,用于获取运动控制系统中高精度的位置、方向和转速等信息。

　　光电编码器是把角位移或直线位移转换成电信号的一种装置。常见的增量式编码器码盘的基本结构和输出波形如图 6-14 和图 6-15 所示。光电编码器主要由光栅盘和光电检测装置组成,与电动机转轴同轴安装。电动机旋转时,光栅盘与电动机同轴旋转。当 LED 光被遮挡和通过光栅盘上的槽时,传感器就会产生通断变化,产生相应的脉冲信号。通过计算传感器每秒输出的脉冲个数就能够知道当前电动机的转速。光电编码器旋转时会产生 QEPA 和 QEPB 两路相位互差 90°的脉冲信号。电动机的运动方向发生变化时,脉冲信号 QEPA 和 QEPB 的相位关系也会发生相应变化,通常认为电动机顺时针旋转时 QEPA 信号超前 QEPB 信号 90°,反之则认为电动机逆时针旋转。

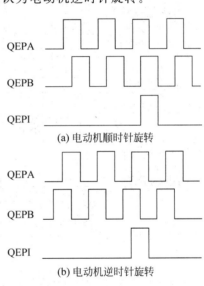

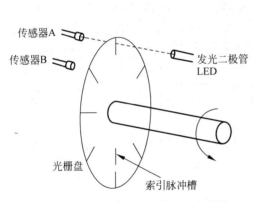

图 6-14　增量式编码器码盘的基本结构　　　　图 6-15　增量式编码器码盘的输出波形

　　在电动机控制中,常见的测速方法有 M 法和 T 法两种,分别如式(6-1)和式(6-2)所示。
M 法测速:

$$v(k) = \frac{x(k) - x(k-1)}{T} = \frac{\Delta x}{T} \tag{6-1}$$

　　T 法测速:

$$v(k) = \frac{X}{t(k) - t(k-1)} = \frac{X}{\Delta t} \tag{6-2}$$

式中,$v(k)$ 为 k 时刻的转速;$x(k)$、$x(k-1)$ 分别为 k、$k-1$ 时刻的位置;X 为固定的位移量;T 为固定的单位时间;Δt 为固定位移所用时间;Δx 为固定单位时间内位置的变化量。

M 法测速是在固定的时间段内读取位置的变化量,经过计算得到此段时间的平均转速,在低速下精度不高;T 法测速是通过计算两个连续脉冲的时间间隔来求取电动机的转速,在电动机高速运行系统中,间隔时间较小,计算误差较大,多用于低速场合。实际应用中常将这两种方法结合起来使用。

6.4.1 eQEP 模块结构

eQEP 模块结构如图 6-16 所示。

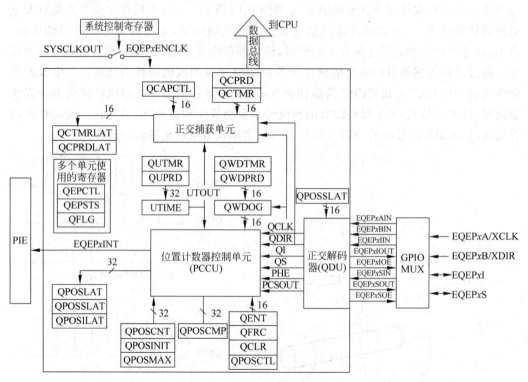

图 6-16 eQEP 模块结构图

1) eQEP 正交解码器(QDU)

正交解码单元将 EQEPxA/XCLK、EQEPxB/XDIR、EQEPxI 和 EQEPxS(x=1、2)4 路输入信号进行解码,得到 QCLK(时钟)、QDIR(方向)、QI(索引)和 QS(选通)输出信号。由 QDECCTL[QSRC]位控制选择位置计数器的时钟和方向输入信号,有正交计数、方向计数、递增计数和递减计数 4 种计数模式。

在正交计数模式下,EQEPxA 和 EQEPxB 分别接收正交解码器的通道 A 和通道 B 输出,EQEPxI 用于接收索引信号,EQEPxS 是通用选通引脚。EQEPxA 和 EQEPxB 经解码控制寄存器 QDECCTL[QAP]和 QDECCTL[QBP]位控制决定是否取反,得到 QEPA 和 QEPB 信号。方向判断逻辑通过判断 QEPA 和 QEPB 脉冲信号之间的相位关系获得方向信息,并存储在状态寄存器 QEPSTS[QDF]位,同时将脉冲数量计入位置计数器 QPOSCNT 中,如图 6-17(a)所示。可见,QEPA 和 QEPB 信号的上升沿和下降沿均产生一次脉冲信号,因此 QCLK 信号频率是 QEPA 和 QEPB 信号的 4 倍。

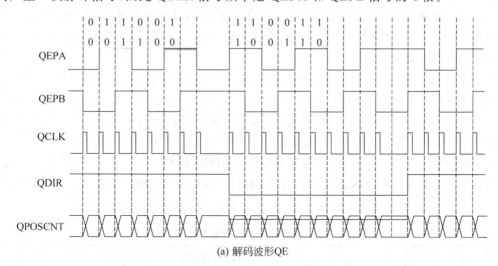

(a) 解码波形QE

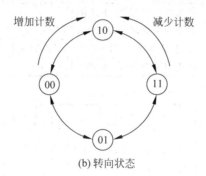

(b) 转向状态

图 6-17　正交模式下时钟及方向解码关系

在方向计数模式下,QEPA 只能作为时钟输入,QEPB 只能作为方向输入。如果方向为高时,计数器会在 QEPA 的上升沿递增计数;当方向为低时,计数器会在 QEPA 的上升沿递减计数。

在递增计数模式下,计数器的方向信号被硬件规定为递增计数,此时位置计数器根据 QDECCTL 中的 XCR 位规定,对 QEPA 信号计数或者 2 倍关系计数。

在递减模式计数下,计数器的方向信号被硬件规定为递减计数,此时位置计数器根据 QDECCTL 中的 XCR 位规定,对 QEPA 信号计数或者 2 倍关系计数。

2) 边沿捕获单元(QCAP)

eQEP 模块内部集成了一个边沿捕获单元(QCAP),用于测量单位位移所用的时间,利用式(6-2)完成低速时的速度测量。捕获定时器 QCTMR 的计数脉冲 CAPCLK 由 QCAPCTL[CCPS]位对系统时钟分频得到,其锁存信号 UPEVNT 由 QCLK 经 QCAPCTL[UPPS]位分频后产生,每次出现 UPEVNT(单位位置事件标志)事件都会将捕获定时器 QCTMR 中的值锁存到捕获周期寄存器 QCPRD 中,然后捕获定时器 QCTMR 复位。同时,状态寄存器 QEPSTS[UPEVNT]位置位。DSP 中用 QEPSTS

[UPEVNT]来判断是否有新值,CPU 读取结果后,通过向 QEPSTS[UPEVNT]写 1 对其清零。

由于每次单位位移事件都将捕获定时器 QCTMR 复位,因此读取的周期寄存器 QCPRD 的值即表示本单位位移所用的时间为 QCPRD+1 个计数周期,代入式(6-2)可得低速时的转速值。

要保证单位位移量所经过的时间测量准确,必须注意两个方面:①捕获定时器的值不超过 65535(不溢出);②两次 UPEVNT 事件间隔内转动方向不变。如果捕获定时器的值超过 65535(溢出),则上溢错误标志位 QEPSTS[COFF]将置位;如果两次 UPEVNT 事件间隔内转动方向改变,则错误标志位 QEPSTS[CDFF]将置位。

单位时间(T)和单位周期(x)通过寄存器 QUPRD 和 QCAPCTL[UPPS]进行设置,递增位置输出和递增时间输出值由寄存器 QPOSLAT 和 QCPRDLAT 提供。边沿捕捉单元时序及 T 法各参数定义见表 6-9。图 6-18 所示为边沿捕获功能时序图。

表 6-9　速度计算公式中各参数定义

变量	对应的硬件寄存器
T	单元周期寄存器 QUPRD
Δx	增加的位移量=QPOSLAT(k)−QPOSLAT($k-1$)
x	由 QCAPCTL[UPPS]位定义的固定位移量
Δt	捕获周期寄存器 QCPRDLAT

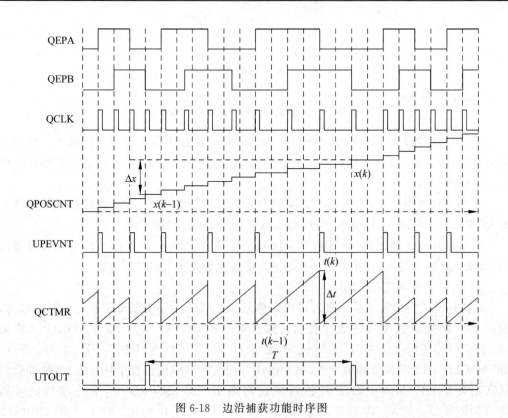

图 6-18　边沿捕获功能时序图

图 6-18 中，T 为时间基准单元周期寄存器 QUPRD 的值；增加的位移量 $\Delta x = $ QPOSLAT(k)$-$QPOSLAT($k-1$)；x 为 QCAPCTL[UPPS]位定义的固定位移量；Δt 为捕获寄存器 QCPRDLAT 中的值。

6.4.2　eQEP 模块看门狗

eQEP 模块包含一个 16 位的看门狗定时器 QWDTMR，定时器的计数时钟由系统时钟 64 分频得到，用于监测正交编码脉冲信号 QCLK 的状态。若有正交编码脉冲到来，看门狗定时器复位，重新开始计数；若没有正交编码脉冲到来，当看门狗定时器的计数值与周期设定寄存器 QWDPRD 中的值匹配时，定时器将溢出，并将看门狗中断标志位 QFLG[WTO]置位，产生中断信号给 CPU。

6.4.3　eQEP 模块寄存器

eQEP 模块寄存器分别为正交解码控制寄存器 QDECCTL、控制寄存器 QEPCTL、位置比较控制寄存器 QPOSCTL、捕获控制寄存器 QCAPCTL、位置计数寄存器 QPOSCNT、位置计数器初始化寄存器 QPOSINIT、位置计数器最大值寄存器 QPOSMAX、位置比较寄存器 QPOSCMP、索引位置加载寄存器 QPOSILAT、标记位置加载寄存器 QPOSSLAT、位置加载寄存器 QPOSLAT、单位时间定时器 QUTMR、单位时间周期寄存器 QUPRD、看门狗定时器 QWDTMR、中断使能寄存器 QEINT、中断标志寄存器 QFLG、位捕获定时器 QCTMR、边沿捕获周期寄存器 QCPRD、边沿捕获定时锁存寄存器 QCTMRLAT 和边沿捕获周期锁存寄存器 QCPRDLAT。对应说明分别见图 6-19～图 6-23 及表 6-10～表 6-14。

D31~D0

QPOSCNT/QPOSINIT/QPOSMAX/QPOSCMP/QPOSILAT/QPOSSLAT/QPOSLAT/QUTMR/QUPRD

R/W-0

图 6-19　QPOSCNT/QPOSINIT/QPOSMAX/QPOSCMP/QPOSILAT/QPOSSLAT/ QPOSLAT/QUTMR/QUPRD 寄存器位定义

注：QPOSCNT 为 32 位的位置计数寄存器，会根据方向进行增加或减少计数。QPOSINIT 为 32 位的位置计数器初始化寄存器，它的值对位置计数器进行初始化。QPOSMAX 为位置计数器最大值寄存器，此寄存器为最大的位置计数器的值。QPOSCMP 为位置比较寄存器，当位置计数器的值与位置比较寄存器的值相同时，会输出同步信号或产生中断。QPOSILAT 为索引位置加载寄存器，当索引事件发生时，位置计数器的值会加载到这个寄存器中。QPOSSLAT 为标记位置加载寄存器，当标记事件发生时，位置计数器的值会加载到这个寄存器中。QPOSLAT 为位置加载寄存器，当单位事件发生时，位置计数器的值会加载到这个寄存器中。QUTMR 为单位时间定时器，当此定时器的值与单位时间周期寄存器的值相同时，单位时间事件就会发生。QUPRD 为单位时间周期寄存器，此寄存器中的值为单位时间周期值。

表 6-10　正交解码控制寄存器 QDECCTL

位	名　称	说　明
15、14	QSRC	位置计数器技术模式选择位。00,正交计数模式;01,方向计数模式;10,递增计数模式;11,递减计数模式
13	SOEN	PCSOUT 输出使能位。0,禁止;1,使能
12	SPSEL	PCSOUT 输出引脚选择位。0,选择索引引脚 eQEPxI;1,选择选通引脚 eQEPxS
11	XCR	外部时钟频率控制位。0,2 倍频,上升/下降沿计数;1,1 倍频,上升沿计数
10	SWAP	正交时钟交换控制位。0,不交换;1,交换
9	IGATE	索引信号门控位。0,禁止;1,使能
8	QAP	QEPA 极性控制位。0,无作用;1,反向
7	QBP	QEPB 极性控制位。0,无作用;1,反向
6	QIP	QEPI 极性控制位。0,无作用;1,反向
5	QSP	QEPS 极性控制位。0,无作用;1,反向
4~0	Reserved	保留

D15~D0

QWDTMR/QWDPRD

R/W-0

图 6-20　QWDTMR/QWDPRD 位定义

注:QWDTMR 为看门狗定时器,当此值与看门狗周期寄存器中的值相同时,看门狗中断就会产生。

表 6-11　控制寄存器 QEPCTL

位	名　称	说　明
15、14	FREE、SOFT	QPOSCNT、QWDTMR、QUTMR 和 QCTMR 寄存器仿真控制位。00,立即停止;01,完成整个周期后停止;1x,自由运行
13、12	PCRM	位置计数器复位模式选择位。00,索引脉冲复位;01,最大计数值复位;10,第一个索引脉冲来临时复位;11,单位超时事件 UTOUT 复位
11、10	SEI	选通信号初始化位置计数器控制位。0x,无动作;10,上升沿;11,正向运行时上升沿,反向运行时下降沿
9、8	IEI	索引信号初始化位置计数器控制位。0x,无动作;10,上升沿;11,下降沿
7	SWI	软件初始化位置计数器控制位。0,无动作;1,软件启动初始化
6	SEL	选通事件锁存时刻控制位。0,上升沿;1,正向运行时上升沿,反向运行时下降沿
5、4	IEL	索引事件锁存时刻控制位。00,保留;01,上升沿;10,下降沿;11,索引标识
3	QPEN	位置计数器使能/软件复位。0,软件复位;1,使能计数器
2	QCLM	捕获锁存模式控制位。0,CPU 读取位置计数器的值时锁存;1,时间基准单元(UTIME)超时事件 UTOUT 发生时锁存
1	UTE	单元定时器使能控制位。0,禁止;1,使能
0	WDE	看门狗定时器使能控制位。0,禁止;1,使能

15~12				11	10	9	8
Reserved				UTO	IEL	SEL	PCM
R-0				R/W-0	R/W-0	R/W-0	R/W-0

7	6	5	4	3	2	1	0
PCR	PCO	PCU	WTO	QDC	QPE	PCE	Reserved
R/W-0	R/W-0	R/W-0	R/W-0	R/W-0	R/W-0	R/W-0	R-0

图 6-21　QEINT/QFRC 寄存器位定义

注：QEINT 为 QEP 中断使能寄存器，各位含义分别为单元定时器超时中断 UTO、索引事件锁存中断 IEL、选通事件锁存 SEL、位置比较匹配事件 PCM，位置比较准备 PCR、位置计数器上溢 PCO、位置计数器下溢 PCU、看门狗事件中断 WTO、正交信号方向改变 QDC、正交信号相位错误 QPE 和位置计数器错误 PCE 中断使能位。将各位置 0 时，禁止中断；置 1 时，使能中断。QFRC 为 QEP 中断强制寄存器，位定义同 QEINT，将各位置 0 时，禁止中断；置 1 时，强制使能中断。

表 6-12　位置比较控制寄存器 QPOSCTL

位	名　称	说　明
15	PCSHDW	位置比较寄存器映射控制位。0,禁止；1,使能
14	PCLOAD	位置比较寄存器装载模式控制位。0,QPOSCNT＝0 时装载；1,QPOSCNT＝QPOSCMP 时装载
13	PCPOL	位置比较同步信号输出极性控制位。0,高电平有效；1,低电平有效
12	PCE	位置比较控制位。0,禁止；1,使能
11～0	PCSPW	位置比较同步信号输出脉冲宽度控制位。0x000,1 * 4 * SYSCLKOUT 周期；0x001,2 * 4 * SYSCLKOUT 周期；0xFFF,4096 * 4 * SYSCLKOUT 周期

15~12				11	10	9	8
Reserved				UTO	IEL	SEL	PCM
R-0				R/W-0	R/W-0	R/W-0	R/W-0

7	6	5	4	3	2	1	0
PCR	PCO	PCU	WTO	QDC	PHE	PCE	INT
R/W-0	R/W-0	R/W-0	R/W-0	R/W-0	R/W-0	R/W-0	R/W-0

图 6-22　QFLG/QCLR 寄存器位定义

注：中断标志寄存器 QFLG 各位含义与中断使能寄存器 QEINT 相同，最低位为全局中断 INT 控制位，相应中断事件发生时，对应位置 1。中断清除寄存器 QCLR 与 QFLG 寄存器各位信息一致，相应位置 1 时，可清除各位标志。

表 6-13　捕获控制寄存器 QCAPCTL

位	名　称	说　明
15	CEN	捕获单元使能位。0,禁止；1,使能
14～7	Reserved	保留
6～4	CCPS	捕获时钟分频系数控制位。000～111(k),CAPCLK＝SYSCLKOUT/2^k
3～0	UPPS	单位位移事件分频系数控制位。0000～1011(k),UPEVNT＝QCLK/2^k

D15~D0

QCTMR/QCPRD/ QCTMRLAT/QCPRDLAT

R/W

图 6-23   QCTMR/QCPRD/QCTMRLAT/QCPRDLAT 寄存器位定义

注：QCTMR 为捕获定时器,该寄存器为边沿捕获单元提供时基；QCPRD 为边沿捕获周期寄存器；QCTMRLAT 为边沿捕获定时锁存寄存器；QCPRDLAT 为边沿捕获周期锁存寄存器。

表 6-14   QEPSTS 寄存器各位的含义

位	名　称	说　　明
15~8	Reserved	保留
7	UPEVNT	单位位移事件发生标志位。0,无；1,发生
6	FIDF	第一个索引脉冲到来时的方向状态。0,顺时针旋转；1,逆时针旋转
5	QDF	当前正交方向状态。0,顺时针旋转；1,逆时针旋转
4	QDLF	索引脉冲时刻方向锁存标志。0,顺时针旋转；1,逆时针旋转
3	COEF	捕获计数器上溢错误标志。0,无；1,上溢
2	CDEF	捕获方向改变错误标志。0,无；1,两次捕获间发生方向改变
1	FIMF	第一个索引事件标志。0,无；1,第一个索引事件发生时将其置位
0	PCEF	位置计数器错误标志。0,无；1,有错误

6.4.4   eQEP 模块实例

【例 6-2】   使用 eQEP 模块测量电动机的速度和位置。
程序如下。

```
# include "DSP28x_Project.h"
# include "Example_posspeed.h"
void POSSPEED_Init(void)
{
  EQep1Regs.QUPRD = 1500000;              //150MHz 时单元定时时间为 100μs
  EQep1Regs.QDECCTL.bit.QSRC = 00;        //QEP 正交计数模式
  EQep1Regs.QEPCTL.bit.FREE_SOFT = 2;     //自由运行
  EQep1Regs.QEPCTL.bit.PCRM = 00;         //索引脉冲复位位置计数器
  EQep1Regs.QEPCTL.bit.UTE = 1;           //使能单元定时器
  EQep1Regs.QEPCTL.bit.QCLM = 1;          //超时事件发生时锁存
  EQep1Regs.QPOSMAX = 0xffffffff;         //初始化最大计数值
  EQep1Regs.QEPCTL.bit.QPEN = 1;          //eQEP 模块使能
  EQep1Regs.QCAPCTL.bit.UPPS = 5;         //单位位移事件为计数时钟 QCLK 的 32 分频
  EQep1Regs.QCAPCTL.bit.CCPS = 7;         //捕获时钟为系统时钟的 128 分频
  EQep1Regs.QCAPCTL.bit.CEN = 1;          //eQEP 捕获使能
}
void POSSPEED_Calc(POSSPEED * p)
{
    long tmp;
```

```
unsigned int pos16bval, temp1; _iq Tmp1, newp, oldp;
p -> DirectionQep = EQep1Regs.QEPSTS.bit.QDF;        //电动机旋转方向
pos16bval = (unsigned int)EQep1Regs.QPOSCNT;         //每个 QA/QB 周期的计数值
p -> theta_raw = pos16bval + p -> cal_angle;         //角度 = 计数值 + 原始偏差
tmp = (long)((long)p -> theta_raw * (long)p -> mech_scaler);  //Q0 * Q26 = Q26
tmp &= 0x03FFF000;
p -> theta_mech = (int)(tmp >> 11);                  //Q26 -> Q15
p -> theta_mech &= 0x7FFF;
p -> theta_elec = p -> pole_pairs * p -> theta_mech; //Q0 * Q15 = Q15
p -> theta_elec &= 0x7FFF;
if (EQep1Regs.QFLG.bit.IEL == 1)                     //索引事件中断标志检测
{
    p -> index_sync_flag = 0x00F0;
    EQep1Regs.QCLR.bit.IEL = 1;                      //清除中断标志
}
//使用 QEP 位置计数器进行高速测量
if(EQep1Regs.QFLG.bit.UTO == 1)                      //如果单元定时器超时事件发生
{
    pos16bval = (unsigned int)EQep1Regs.QPOSLAT;     //锁存位置计数器 POSCNT 的计数值
    tmp = (long)((long)pos16bval * (long)p -> mech_scaler);  //Q0 * Q26 = Q26
    tmp &= 0x03FFF000;
    tmp = (int)(tmp >> 11);                          //Q26 -> Q15
    tmp &= 0x7FFF;
    newp = _IQ15toIQ(tmp);
    oldp = p -> oldpos;
    if (p -> DirectionQep == 0)                      //POSCNT 减计数
    {
        if (newp > oldp)
            Tmp1 = - (_IQ(1) - newp + oldp);         //x2 - x1 为负数
        else
            Tmp1 = newp - oldp;
    }
    else if (p -> DirectionQep == 1)                 //POSCNT 递增计数
    {
        if (newp < oldp)
            Tmp1 = _IQ(1) + newp - oldp;
        else
            Tmp1 = newp - oldp;                       //x2 - x1 为正数
    }
    if (Tmp1 > _IQ(1))
        p -> Speed_fr = _IQ(1);
    else if (Tmp1 < _IQ(-1))
        p -> Speed_fr = _IQ(-1);
    else
        p -> Speed_fr = Tmp1;
        p -> oldpos = newp;  //更新电角度
                             //将电动机转速 pu 值变为 rpm 值(Q15 -> Q0)
                             //Q0 = Q0 * GLOBAL_Q => _IQXmpy(), X = GLOBAL_Q
        p -> SpeedRpm_fr = _IQmpy(p -> BaseRpm, p -> Speed_fr);
```

```
        EQep1Regs.QCLR.bit.UTO = 1;          //清除中断标志
    }
    //使用 QEP 位置计数器进行低速测量
    if(EQep1Regs.QEPSTS.bit.UPEVNT == 1)        //如果单位位移事件发生
    {
        if(EQep1Regs.QEPSTS.bit.COEF == 0)      //没有发生捕获上溢
            temp1 = (unsigned long)EQep1Regs.QCPRDLAT;  //temp1 = t2 - t1
        else                                    //捕获上溢
            temp1 = 0xFFFF;
            p -> Speed_pr = _IQdiv(p -> SpeedScaler,temp1);
            Tmp1 = p -> Speed_pr;
        if (Tmp1 > _IQ(1))
          p -> Speed_pr = _IQ(1);
        else
          p -> Speed_pr = Tmp1;                 //将 p -> Speed_pr 转换为 RPM 值
        if (p -> DirectionQep == 0)             //转速为反方向
          p -> SpeedRpm_pr = - _IQmpy(p -> BaseRpm,p -> Speed_pr);
        else                                    //转速为正方向
          p -> SpeedRpm_pr = _IQmpy(p -> BaseRpm,p -> Speed_pr);
          EQep1Regs.QEPSTS.all = 0x88;          //清除单位位移事件标志
                                                //清除上溢错误标志
    }
}
```

习题及思考题

(1) eCAP 模块有哪两种工作模式？作为捕获模式时如何设置？

(2) 简述 eQEP 模块正交计数模式和方向计数模式的区别。

(3) eQEP 模块如何实现高低速测量？

CHAPTER 7

ADC 转换模块

通常,我们遇到的量都是模拟量,例如电压、电流、温度、压力等信号。模/数转换器 ADC 模块可以把模拟量转换为数字量,提供给 DSP 控制器。本章将介绍 F2833x 内部自带的 ADC 模块的性能、特点及其工作方式,探讨 ADC 模块的使用。

7.1 F2833x 的 ADC 模块

F2833x 内部的 ADC 模块是一个 12 位分辨率、具有流水线结构的模/数转换器,其结构如图 7-1 所示。

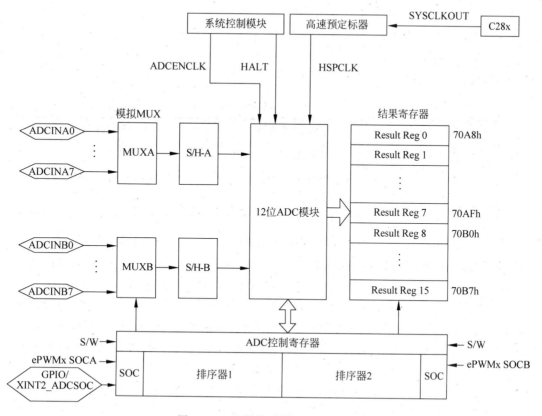

图 7-1 A/D 转换器模块的结构框图

ADC 模块的每组输入通道内部只有 1 个转换器,因此同一时刻只能对 1 路输入信号进行转换。

7.1.1 ADC 模块的特点

F2833x 内部 ADC 模块的主要特点如下。

(1) 共有 16 个模拟量输入引脚,分成了 2 组:A 组引脚为 ADCINA0～ADCINA7;B 组引脚为 ADCINB0～ADCINB7。

(2) 具有 12 位的 ADC 内核,内置有 2 个采样保持器 S/H-A 和 S/H-B。引脚 ADCINA0～ADCINA7 对应于采样保持器 S/H-A,引脚 ADCINB0 ～ADCINB7 对应于采样保持器 S/H-B。

(3) ADC 模块的时钟频率最高可配置为 12.5MHz,采样频率最高为 6.25MHz。

(4) ADC 模块的自动排序器可以按 2 个独立的 8 状态排序器(SEQ1 和 SEQ2)来运行,也可以按一个 16 状态的排序器(SEQ)来运行。每个排序器都允许系统对同一个通道进行多次采样。

(5) ADC 模拟输入的范围为 0～3V。

(6) 多触发源启动 A/D 转换。

① S/W:软件立即启动;

② ePWM1～ePWM6;

③ GPIO XINT2。

触发源具体见表 7-1。

表 7-1　触发源

SEQ1(排序器 1)	SEQ2(排序器 2)	级联 SEQ
软件触发(软件 SOC)	软件触发(软件 SOC)	软件触发(软件 SOC)
ePWMx SOCA	ePWMx SOCB	ePWMx SOCA、ePWMx SOCB
XINT2_ADCSOC		XINT2_ADCSOC

(7) ADC 模块共有 16 个结果寄存器 ADCRESULT0～ADCRESULT15,用于保存转换的数值。每个结果寄存器都是 16 位,而 F2833x 的 ADC 是 12 位,ADC 转换的数值在结果寄存器中是左对齐的,即转换结果存放于结果寄存器的高 12 位,低 4 位无效。

读取结果时,可以将结果寄存器 ADCRESULT 中的值先右移 4 位,然后再进行计算。当输入的电压为 3 V 时,ADCRESULT 中的值右移 4 位,值为 4095;当输入的电压为 0V 时,结果寄存器的值依然为 0;当输入值在 0～3V 之间时,结果寄存器中的数值为

$$(ADCRESULT \gg 4) = (VOLTINPUT - ADCLO)/3.0 \times 4095$$

式中,ADCRESULT 是结果寄存器中的数值,VOLTINPUT 是模拟电压输入值,ADCLO 是 ADC 转换的参考电平,实际使用时通常将 ADCLO 与 AGND 连在一起,因此 ADCLO 的值为 0。

7.1.2　ADC 的时钟频率和采样频率

ADC 模块的时钟和采样脉冲的时钟如图 7-2 所示。

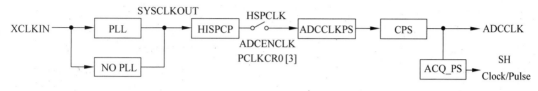

图 7-2　ADC 模块的时钟

外部晶振所产生的时钟 XCLKIN,经过 PLL 模块产生 CPU 时钟 SYSCLKOUT。假设外部晶振的频率为 OSCCLK MHz,通常选用的是 30MHz 的晶振。如果 PLL 模块的值为 m,则有:

$$\begin{cases} SYSCLKOUT = OSCCLK * m/2 & (m\ != 0) \\ SYSCLKOUT = OSCCLK & (m = 0) \end{cases}$$

CPU 时钟信号经过高速时钟预定标器 HISPCP 之后,生成高速外设时钟 HSPCLK。假设 HISPCP 寄存器的值为 n,则有:

$$\begin{cases} HSPCLK = SYSCLKOUT/2n & (n\ != 0) \\ HSPCLK = SYSCLKOUT & (n = 0) \end{cases}$$

如果外设时钟控制寄存器 PCLKCR0 的 ADCENCLK 置位,则 HSPCLK 输入到 ADC 模块。ADC 控制寄存器 ADCTRL3 的 ADCCLKPS 位对 HSPCLK 进行分频,此外,再经 ADC 控制寄存器 ADCTRL1 的 CPS 位进一步二分频或不分频,可以得到 ADC 模块的系统时钟 ADCCLK 为

$$\begin{cases} ADCCLK = HSPCLK/(CPS + 1) & (ADCLKPS = 0) \\ ADCCLK = \dfrac{HSPCLK}{2 \times ADCLKPS \times (CPS + 1)} & (ADCLKPS\ != 0) \end{cases}$$

设置完 ADCCLK 之后,由 ADC 控制寄存器 ADCTRL1 的 ACQ_PS 位和 ADCCLK 位来选定采样窗口的大小,采样时间 $t_s = (ACQ\_PS + 1) \times T_{ADCCLK}$。

注意:不要将 F2833x 的 ADC 时钟频率设置成最高的 12.5MHz;采样窗口必须保证有足够时间反映外部输入电压信号。

7.2　ADC 模块的工作方式

ADC 模块提供了灵活的工作方式,由排序器和 ADC 的采样方式共同决定。

7.2.1　ADC 模块的排序方式

F2833x 具有两种排序方式：双排序模式和级联排序模式。图 7-3 为单排序模式结构框图。

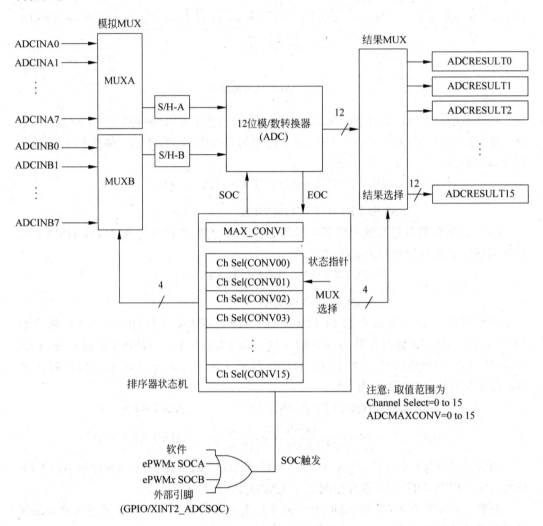

图 7-3　单排序模式结构框图

F2833x 的 ADC 模块既支持排序器 SEQ1 和 SEQ2 级联成一个 16 状态排序器 SEQ 工作(此时称为单排序器方式或称为级联方式)，也支持 2 个 8 状态排序器 SEQ1 和 SEQ2 分开独立工作(此时称为双排序器方式)。图 7-4 为双排序模式结构框图。

当 ADC 工作于双排序模式下，排序器由 2 个 8 状态排序器 SEQ1 和 SEQ2 组成。SEQ1 对应 A 组的采样通道 CONV00~CONV07；SEQ2 对应 B 组的采样通道 CONV08~CONV15。当工作于级联模式下时，排序器 SEQ 对应 A 组和 B 组的所有通道。

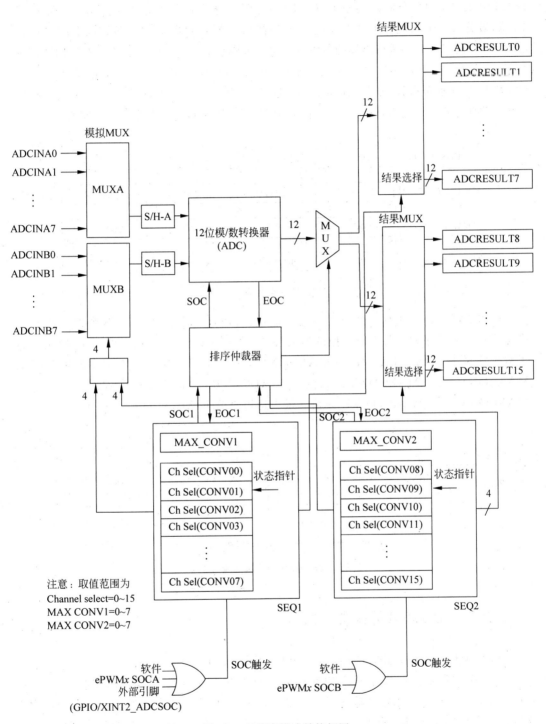

图 7-4 双排序模式结构框图

对 ADC 输入通道选择控制寄存器 ADCCHSELSEQx($x=1$、2、3、4)进行编程,就可以实现 F2833x 的多个输入通道的转换顺序排序。每个输入通道选择控制寄存器都是16 位,被分成 4 个功能位 CONVxx,每个功能位占据寄存器的 4 个位,如图 7-5 所示。CONVxx 位定义了要进行转换的引脚。A 组的采样通道 CONV00~CONV07 使用通道选择控制寄存器 ADCCHSELSEQ1 和 ADCCHSELSEQ2;B 组的采样通道 CONV08~CONV15 使用通道选择控制寄存器 ADCCHSELSEQ3 和 ADCCHSELSEQ4。级联模式下,使用所有的 4 个通道选择控制寄存器 ADCCHSELSEQ1~ADCCHSELSEQ4。

ADCCHSELSEQ 1	CONV03	CONV02	CONV01	CONV00
ADCCHSELSEQ 2	CONV07	CONV06	CONV05	CONV04
ADCCHSELSEQ 3	CONV11	CONV10	CONV09	CONV08
ADCCHSELSEQ 4	CONV15	CONV14	CONV13	CONV12

图 7-5　ADC 输入通道选择控制寄存器

F2833x 的 ADC 还有一个最大转换通道寄存器 ADCMAXCONV,这个寄存器的值决定了一个采样序列所要进行转换的通道总数,其结构如图 7-6 所示。当 ADC 模块工作于双排序器模式时,SEQ1 使用 MAXCONV1_0~MAXCONV1_2 位;SEQ2 使用MAXCONV2_0~MAXCONV2_2 位。当 ADC 模块工作于级联模式时,SEQ 使用MAXCONV1_0~MAXCONV1_3 位。最大通道数等于(MAXCONVn+1)。

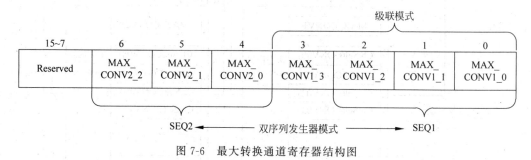

图 7-6　最大转换通道寄存器结构图

7.2.2　ADC 模块的采样方式

ADC 模块的采样方式有两种:顺序采样和同步采样。

顺序采样就是按照排序器内的通道顺序逐个进行采样。通道选择控制寄存器中CONVxx 的 4 位均用来定义输入引脚。最高位为 0 时,说明采样的是 A 组;最高位为 1时,说明采样的是 B 组。而低 3 位定义的是偏移量,决定了某一组内的某个特定引脚。如果 CONVxx 的数值是 1101h,说明选择的输入通道是 ADCINB5;如果 CONVxx 的数值是 0011b,说明选择的输入通道是 ADCINA3。

同步采样就是按照排序器内的通道顺序逐对对通道进行采样,即 A 组和 B 组中有相同偏移量的为一组,如 ADCINA6 和 ADCINB6。因为是成对采样,所以 CONVxx 只有低 3 位的数据有效。例如 CONVxx 的数值为 0101b,则采样保持器 S/H-A 对通道 ADCINA5 进行采样,紧接着 S/H-B 对通道 ADCINB5 进行采样;如果 CONVxx 的数值为 1011b,则采样保持器 S/H-A 对通道 ADCINA3 进行采样,紧接着 S/H-B 对通道 ADCINB3 进行采样。

可见,在两种排序器模式下都可以采用顺序采样或者同步采样。ADC 的采样方式与排序器的工作模式相结合可构成 ADC 的 4 种工作方式:级联模式下的顺序采样、级联模式下的同步采样、双排序模式下的顺序采样和双排序模式下的同步采样。

1) 级联顺序采样

【例 7-1】　按照 A4、A2、A3、A1、A0、B2、B3、B1、B0 的顺序,对 ADCINA0~ADCINA4 和 ADCINB0~ADCINB3 这 9 个通道进行采样。

分析:由于 ADC 工作于级联模式,所以此时排序器 SEQ1 和 SEQ2 级联成了一个 16 状态的排序器 SEQ。由于需要对 9 个通道进行采样,所以最大转换通道寄存器 ADCMAXCONV 的值为 8。由于采样方式是顺序采样,所以 9 个通道中的每一个通道都要进行排序。表 7-2 为级联模式下顺序采样 9 个通道时 ADCCHSELSEQn 位情况。

表 7-2　级联顺序采样 9 个通道时 ADCCHSELSEQn 位情况

通道选择控制寄存器	所属位	位　值
ADCCHSELSEQ1	CONV00	0000(ADCINA4)
	CONV01	0001(ADCINA2)
	CONV02	0010(ADCINA3)
	CONV03	0011(ADCINA1)
ADCCHSELSEQ2	CONV04	0100(ADCINA0)
	CONV05	0101(ADCINB2)
	CONV06	0110(ADCINB3)
	CONV07	0111(ADCINB1)
ADCCHSELSEQ3	CONV08	1000(ADCINB0)

ADC 模块的初始化程序如下。

```
AdcRegs.ADCTRL1.bit.SEQ_CASC = 1;          //级联模式
AdcRegs.ADCTRL3.bit.SMODE_SEL = 0;         //顺序采样
AdcRegs.ADCMAXCONV.all = 0x8;              //9 个通道
AdcRegs.ADCCHSELSEQ1.bit.CONV00 = 0x4;     //采样 ADCINA4 通道
AdcRegs.ADCCHSELSEQ1.bit.CONV01 = 0x2;     //采样 ADCINA2 通道
AdcRegs.ADCCHSELSEQ1.bit.CONV02 = 0x3;     //采样 ADCINA3 通道
AdcRegs.ADCCHSELSEQ1.bit.CONV03 = 0x1;     //采样 ADCINA1 通道
AdcRegs.ADCCHSELSEQ2.bit.CONV04 = 0x0;     //采样 ADCINA0 通道
AdcRegs.ADCCHSELSEQ2.bit.CONV05 = 0xA;     //采样 ADCINB2 通道
AdcRegs.ADCCHSELSEQ2.bit.CONV06 = 0xB;     //采样 ADCINB3 通道
AdcRegs.ADCCHSELSEQ2.bit.CONV07 = 0x9;     //采样 ADCINB1 通道
AdcRegs.ADCCHSELSEQ3.bit.CONV08 = 0x8;     //采样 ADCINB0 通道
```

转换结果的存放位置如图 7-7 所示。

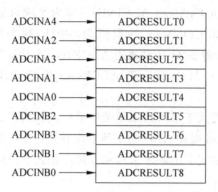

ADCINA4 →	ADCRESULT0
ADCINA2 →	ADCRESULT1
ADCINA3 →	ADCRESULT2
ADCINA1 →	ADCRESULT3
ADCINA0 →	ADCRESULT4
ADCINB2 →	ADCRESULT5
ADCINB3 →	ADCRESULT6
ADCINB1 →	ADCRESULT7
ADCINB0 →	ADCRESULT8

图 7-7　级联顺序采样 9 个通道转换结果

2) 级联同步采样

【例 7-2】　按照 A6、B6、A4、B4、A5、B5、A3、B3、A1、B1、A2、B2 的顺序,对 ADCINA1～ADCINA6、ADCINB1～ADCINB6 这 12 个通道进行采样。

分析:同步采样需要对输入通道逐对采样,由于需要对 6 对通道进行采样,所以最大转换通道寄存器 ADCMAXCONV 的值为 5。排序器 SEQ 用到通道选择控制寄存器 ADCCHSELSEQ1 和 ADCCHSELSEQ2。级联模式下同步采样 12 个通道时 ADCCHSELSEQn 位情况如表 7-3 所示。

表 7-3　级联同步采样 12 个通道时 ADCCHSELSEQn 位情况

序列选择控制寄存器	所属位	位　值
ADCCHSELSEQ1	CONV00	0000(ADCINA6)
	CONV01	0001(ADCINA4)
	CONV02	0010(ADCINA5)
	CONV03	0011(ADCINA3)
ADCCHSELSEQ2	CONV04	0100(ADCINA1)
	CONV05	0101(ADCINA2)
	CONV06	
	CONV07	

ADC 模块的初始化程序如下。

```
AdcRegs.ADCTRL1.bit.SEQ_CASC = 1;              //级联模式
AdcRegs.ADCTRL3.bit.SMODE_SEL = 1;             //同步采样
AdcRegs.ADCMAXCONV.all = 0x5;                  //6 对通道
AdcRegs.ADCCHSELSEQ1.bit.CONV00 = 0x6;         //采样 ADCINA6 和 ADCINB6
AdcRegs.ADCCHSELSEQ1.bit.CONV01 = 0x4;         //采样 ADCINA4 和 ADCINB4
AdcRegs.ADCCHSELSEQ1.bit.CONV02 = 0x5;         //采样 ADCINA5 和 ADCINB5
AdcRegs.ADCCHSELSEQ1.bit.CONV03 = 0x3;         //采样 ADCINA3 和 ADCINB3
AdcRegs.ADCCHSELSEQ2.bit.CONV04 = 0x1;         //采样 ADCINA1 和 ADCINB1
AdcRegs.ADCCHSELSEQ2.bit.CONV05 = 0x2;         //采样 ADCINA2 和 ADCINB2
```

转换结果的存放位置如图 7-8 所示。

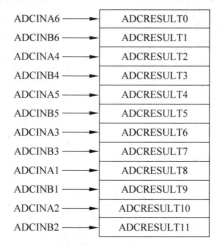

图 7-8　级联同步采样 12 个通道转换结果

3）双排序顺序采样

【例 7-3】　ADC 共采样 10 个通道，按照 A5、A5、A2、A2、A4、A4、B3、B4、B1、B1 的顺序。

分析：双排序模式需使用排序器 SEQ1 和 SEQ2，SEQ1 用 ADCCHSELSEQ1 和 ADCCHSELSEQ2 来确定 CONV00～CONV07 通道顺序，SEQ2 用 ADCCHSELSEQ3 和 ADCCHSELSEQ4 来确定 CONV08～CONV15 通道顺序，ADCMAXCONV(2:0) 的值确定 SEQ1 采样个数，ADCMAXCONV(6:4) 的值确定 SEQ2 采样个数。双排序顺序采样 10 个通道时，ADCCHSELSEQn 位情况如表 7-4 所示。

表 7-4　双排序顺序采样 10 个通道时 ADCCHSELSEQn 位情况

通道选择控制寄存器	所属位	位　值
ADCCHSELSEQ1	CONV00	0000(ADCINA5)
	CONV01	0001(ADCINA5)
	CONV02	0010(ADCINA2)
	CONV03	0011(ADCINA2)
ADCCHSELSEQ2	CONV04	0100(ADCINA4)
	CONV05	0101(ADCINA4)
	CONV06	×
	CONV07	×
ADCCHSELSEQ3	CONV08	1000(ADCINB3)
	CONV09	1001(ADCINB4)
	CONV10	1010(ADCINB1)
	CONV11	1011(ADCINB1)

ADC 模块的初始化程序如下。

```
AdcRegs.ADCTRL1.bit.SEQ_CASC = 0;          //双排序模式
AdcRegs.ADCTRL3.bit.SMODE_SEL = 0;         //顺序采样
AdcRegs.ADCMAXCONV.all = 0x9;              //10 个通道
```

```
AdcRegs.ADCCHSELSEQ1.bit.CONV00 = 0x5;        //采样 ADCINA5 通道
AdcRegs.ADCCHSELSEQ1.bit.CONV01 = 0x5;        //采样 ADCINA5 通道
AdcRegs.ADCCHSELSEQ1.bit.CONV02 = 0x2;        //采样 ADCINA2 通道
AdcRegs.ADCCHSELSEQ1.bit.CONV03 = 0x2;        //采样 ADCINA2 通道
AdcRegs.ADCCHSELSEQ2.bit.CONV04 = 0x4;        //采样 ADCINA4 通道
AdcRegs.ADCCHSELSEQ2.bit.CONV05 = 0x4;        //采样 ADCINA4 通道
AdcRegs.ADCCHSELSEQ3.bit.CONV08 = 0xB;        //采样 ADCINB3 通道
AdcRegs.ADCCHSELSEQ3.bit.CONV09 = 0xC;        //采样 ADCINB4 通道
AdcRegs.ADCCHSELSEQ3.bit.CONV10 = 0x9;        //采样 ADCINB1 通道
AdcRegs.ADCCHSELSEQ3.bit.CONV11 = 0x9;        //采样 ADCINB1 通道
```

转换结果的存放位置如图 7-9 所示。

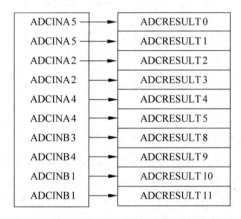

图 7-9　双排序顺序采样 10 个通道转换结果

4）双排序同步采样

【例 7-4】　ADC 对 ADCINA0～ADCINA7、ADCINB0～ADCINB7 这 16 个通道进行双排序同步采样。

分析：双排序同步采样就是逐对对通道进行采样，SEQ1 用 ADCCHSELSEQ1，SEQ2 用 ADCCHSELSEQ3。ADCMAXCONV(1:0)的值确定 SEQ1 的采样次数，每次一对通道；ADCMAXCONV(5:4)的值确定 SEQ2 的采样次数，每次一对通道。通道分配情况见表 7-5。

表 7-5　双排序同步采样 16 个通道时 ADCCHSELSEQn 位情况

通道选择控制寄存器	所属位	位　值
ADCCHSELSEQ1	CONV00	0000(ADCINA0)
	CONV01	0001(ADCINA1)
	CONV02	0010(ADCINA2)
	CONV03	0011(ADCINA3)
ADCCHSELSEQ2	CONV04	×
	CONV05	×
	CONV06	×
	CONV07	×

通道选择控制寄存器	所属位	位　值
ADCCHSELSEQ3	CONV08	1000（ADCINA4）
	CONV09	1001（ADCINA5）
	CONV10	1010（ADCINA6）
	CONV11	1011（ADCINA7）
ADCCHSELSEQ4	CONV12	×
	CONV13	×
	CONV14	×
	CONV15	×

ADC 模块的初始化程序如下。

```
AdcRegs.ADCTRL1.bit.SEQ_CASC = 0;          //双排序模式
AdcRegs.ADCTRL3.bit.SMODE_SEL = 1;         //同步采样
AdcRegs.ADCMAXCONV.all = 0x0033;           //每个排序器 4 对,16 个通道
AdcRegs.ADCCHSELSEQ1.bit.CONV00 = 0x0;     //采样 ADCINA0 和 ADCINB0
AdcRegs.ADCCHSELSEQ1.bit.CONV01 = 0x1;     //采样 ADCINA1 和 ADCINB1
AdcRegs.ADCCHSELSEQ1.bit.CONV02 = 0x2;     //采样 ADCINA2 和 ADCINB2
AdcRegs.ADCCHSELSEQ1.bit.CONV03 = 0x3;     //采样 ADCINA3 和 ADCINB3
AdcRegs.ADCCHSELSEQ3.bit.CONV08 = 0x4;     //采样 ADCINA4 和 ADCINB4
AdcRegs.ADCCHSELSEQ3.bit.CONV09 = 0x5;     //采样 ADCINA5 和 ADCINB5
AdcRegs.ADCCHSELSEQ3.bit.CONV10 = 0x6;     //采样 ADCINA6 和 ADCINB6
AdcRegs.ADCCHSELSEQ3.bit.CONV11 = 0x7;     //采样 ADCINA7 和 ADCINB7
```

转换结果的存放位置如图 7-10 所示。

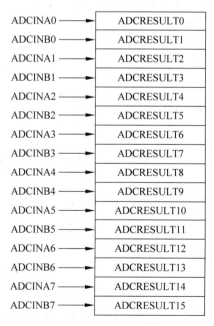

图 7-10　双排序同步采样 16 个通道的转换结果

7.3 ADC 模块的中断

当排序器完成一个序列的转换时,就会对该排序器的中断标志位进行置位,如果该排序器的中断已经使能,则 ADC 模块便向 PIE 控制器提出中断请求。当 ADC 模块工作于双排序模式时,排序器 SEQ1 和 SEQ2 可以单独设置中断标志位和使能位;当 ADC 模块工作于级联模式时,设置排序器 SEQ1 的中断标志位和使能位便可以产生 ADC 转换的中断。双排序模式时,无论是 SEQ1 产生中断还是 SEQ2 产生中断,都是中断 ADCINT。

ADC 模块的排序器支持两种中断方式:一种是每转换完一个序列,便产生一次中断请求;另一种是隔一个转换结束产生一个中断请求。例如,第 1 次转换完成时并不产生中断请求,第 2 次转换完成时才产生中断请求;同样,第 3 次转换完成也不产生中断请求,第 4 次转换完成时产生中断请求,以此类推。可以通过控制寄存器 ADCCTL2 的中断方式使能控制位进行设置。

当 ADC 中断最终被 CPU 响应时,通常在 ADC 中断函数里读取 ADC 转换结果寄存器的值及其他的操作。

1)中断请求出现在每一个序列

如图 7-11 所示,ADC 模块需要采集 5 个量:I1、I2、V1、V2 和 V3。图中采用了两个触发信号启动两个序列的转换,触发信号 1 启动了 I1 和 I2 两个通道的自动转换;触发信号 2 启动了 V1、V2 和 V3 3 个通道的自动转换;触发信号 1 和触发信号 2 在时间上相差 $25\mu s$。ADC 输入通道选择控制寄存器的设置情况见表 7-6。

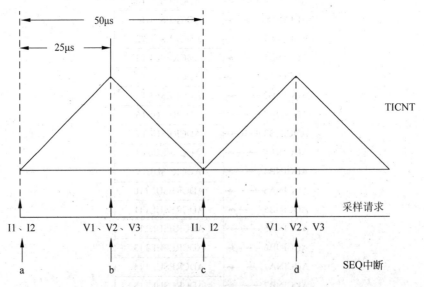

图 7-11 每一次序列转换结束产生中断请求

表 7-6　ADC 输入通道选择序列控制寄存器设置

通道选择控制寄存器	所属位	位　值
ADCCHSELSEQ1	CONV00	I1
	CONV01	I2
	CONV02	V1
	CONV03	V2
ADCCHSELSEQ2	CONV04	V3
	CONV05	×
	CONV06	×
	CONV07	×
ADCCHSELSEQ3	CONV08	×
	CONV09	×
	CONV10	×
	CONV11	×
ADCCHSELSEQ4	CONV12	×
	CONV13	×
	CONV14	×
	CONV15	×

　　由于第 1 个转换序列号要完成 2 个通道的转换,即 I1 和 I2,所以最大转换通道数 MAXCONV1 设为 1。SEQ1 启动转换信号 1 到来后,这两个转换由 CONV00(I1)和 CONV01(I2)的通道值来确定。完成这两个转换后,排序器产生中断事件 a。由于接下来需要转换 V1、V2 和 V3,因此需要在中断服务子程序 a 中将 MAXCONV1 的值改为 2。SEQ1 一旦收到触发信号 2,立刻转换 V1、V2 和 V3。排序器产生中断事件 b。在中断服务子程序 b 中,需要将 MAXCONV1 的值改为 1,以便下次进行 2 通道的转换,然后从 ADC 结果寄存器中读取 I1、I2、V1、V2 和 V3 的数值。

　　2) 中断请求出现在每隔一个序列转换结束时

　　如图 7-12 所示,ADC 模块需要采集 6 个量:I1、I2、I3、V1、V2 和 V3。采用的是两个触发信号启动两个序列的转换:触发信号 1 启动了 3 个通道的自动转换,分别是 I1、I2 和 I3;触发信号 2 启动了 3 个通道的自动转换,分别是 V1、V2 和 V3;触发信号 1 和触发信号 2 在时间上相差 $50\mu s$。ADC 输入通道选择控制寄存器的设置情况见表 7-7。

表 7-7　ADC 输入通道选择控制寄存器设置

序列选择控制寄存器	所属位	位值
ADCCHSELSEQ1	CONV00	I1
	CONV01	I2
	CONV02	I3
	CONV03	V1
ADCCHSELSEQ2	CONV04	V2
	CONV05	V3
	CONV06	×
	CONV07	×

续表

序列选择控制寄存器	所属位	位值
ADCCHSELSEQ3	CONV08	×
	CONV09	×
	CONV10	×
	CONV11	×
ADCCHSELSEQ4	CONV12	×
	CONV13	×
	CONV14	×
	CONV15	×

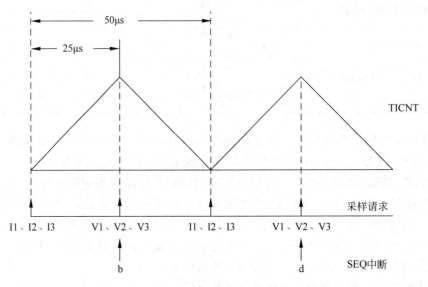

图 7-12　每隔一次序列转换结束产生中断请求

　　先转换 I1、I2 和 I3,排序器的 MAXCONV1 设置为 2。当 SEQ1 接收到启动转换信号 1 时,开始转换 I1、I2 和 I3。当 SEQ1 接收到触发信号 2 时,开始转换 V1、V2 和 V3。完成这个序列的转换后,排序器产生中断事件 b,如图 7-12 所示。在中断服务子程序 b 中,需要将 I1、I2、I3、V1、V2 和 V3 这 6 个通道的值从 ADC 结果寄存器中读出来,然后复位序列发生器等待触发信号 1 开始新的转换。

7.4　ADC 模块电气特性

　　1) ADC 模块上电
　　ADC 在复位时会进入关闭状态,要给 ADC 模块上电,具体步骤如下。
　　(1) 如果采用外部参考信号,用 ADCREFSEL 寄存器的 15、14 位使能该外部参考模式。必须在带隙上电之前使能该模式。

（2）置位 ADCTRL3 寄存器的 7～5 位（ADCBGRFDN[1:0]，ADCPWDN）能够给参考信号、带隙和模拟电路同时上电。

（3）在第 1 次转换运行前，至少需要延迟 5ms。当 ADC 掉电时，上述 3 个控制位要同时清除。ADC 的供电模式必须通过软件控制，并且 ADC 的供电模式与设备的供电模式之间是相互独立的。工作中，有时只通过清除 ADCPWDN 控制位使 ADC 掉电，而带隙和参考信号仍带电，当 ADC 再次上电，设置 ADCPWDN 控制位之后需要延迟 $20\mu s$。

2）ADC 模块校验

ADC_cal() 子程序由生产商直接嵌入 T1 保留的 OTP 存储器内，可被 bootROM 自动调用。ADC_ cal() 子程序用于初始化 ADCREFSEL 和 ADCOFFTRIM 寄存器。

如果在系统开发过程中，代码编写处理（CCS）禁止了 bootROM，则需要用户进行 ADCREFSEL 和 ADCOFFTRIM 寄存器的初始化。

如果系统复位或者 ADC 模块被 ADCCTRL1 的 RESET 位复位，必须再次调用 ADC_ cal() 子程序。

7.5　ADC 模块寄存器

ADC 模块寄存器见表 7-8。

表 7-8　ADC 模块寄存器

名　　称	地址 1	地址 2	容量（×16 位）	功　能　描　述
ADCTRL1	0x7100		1	A/D 控制寄存器 1
ADCTRL2	0x7101		1	A/D 控制寄存器 2
ADCMAXCONV	0x7102		1	A/D 最大转换通道寄存器
ADCCHSELSEQ1	0x7103		1	A/D 通道选择排序控制寄存器 1
ADCCHSELSEQ2	0x7104		1	A/D 通道选择排序控制寄存器 2
ADCCHSELSEQ3	0x7105		1	A/D 通道选择排序控制寄存器 3
ADCCHSELSEQ4	0x7106		1	A/D 通道选择排序控制寄存器 4
ADCASEQSR	0x7107		1	A/D 自动排序状态寄存器
ADCRESULT0	0x7108	0x0B00	1	A/D 转换结果缓冲寄存器 0
ADCRESULT1	0x7109	0x0B01	1	A/D 转换结果缓冲寄存器 1
ADCRESULT2	0x710A	0x0B02	1	A/D 转换结果缓冲寄存器 2
ADCRESULT3	0x710B	0x0B03	1	A/D 转换结果缓冲寄存器 3
ADCRESULT4	0x710C	0x0B04	1	A/D 转换结果缓冲寄存器 4
ADCRESULT5	0x710D	0x0B05	1	A/D 转换结果缓冲寄存器 5
ADCRESULT6	0x710E	0x0B06	1	A/D 转换结果缓冲寄存器 6
ADCRESULT7	0x710F	0x0B07	1	A/D 转换结果缓冲寄存器 7
ADCRESULT8	0x7110	0x0B08	1	A/D 转换结果缓冲寄存器 8
ADCRESULT9	0x7111	0x0B09	1	A/D 转换结果缓冲寄存器 9

续表

名　称	地址 1	地址 2	容量（×16 位）	功 能 描 述
ADCRESULT10	0x7112	0x0B0A	1	A/D 转换结果缓冲寄存器 10
ADCRESULT11	0x7113	0x0B0B	1	A/D 转换结果缓冲寄存器 11
ADCRESULT12	0x7114	0x0B0C	1	A/D 转换结果缓冲寄存器 12
ADCRESULT13	0x7115	0x0B0D	1	A/D 转换结果缓冲寄存器 13
ADCRESULT14	0x7116	0x0B0E	1	A/D 转换结果缓冲寄存器 14
ADCRESULT15	0x7117	0x0B0F	1	A/D 转换结果缓冲寄存器 15
ADCTRL3	0x7118		1	A/D 控制寄存器 3
ADCST	0x7119		1	A/D 状态寄存器
保留	0x711A 0x711B		2	
ADCREFSEL	0x711C		1	A/D 参考选择寄存器
ADCOFFTRIM	0x711D		1	A/D 偏移量修正寄存器
保留	0x711E 0x711F		2	A/D 状态寄存器

1）ADC 模块控制寄存器 ADCTRL1

ADC 模块控制寄存器 ADCTRL1 的说明见表 7-9。

表 7-9　控制寄存器 ADCTRL1

位	名　称	功 能 描 述
15	Reserved	保留
14	RESET	ADC 模块软件复位 0：无效 1：复位整个 ADC 模块（复位后此位将自动清零）
13、12	SUSMOD	仿真挂起模式 这两位决定产生仿真器挂起操作时执行的操作（如调试器遇到断点） 00：仿真挂起被忽略 01、10：当前排序完成后排序器与其他逻辑立即停止工作,锁存最终结果更新状态机制 11：仿真器挂起,排序器与其他逻辑立即停止
11～8	ACQ_PS[3:0]	采样时间选择位 控制 SOC 的脉冲宽度,同时也决定了采样开关闭合的时间,SOC 的脉冲宽度是 ACQ_PS+1 个 ADCCLK 周期
7	CPS	转换时间预定标器 对外设时钟 HSPCLK 分频 0：ADCCLK=CLK/1 1：ADCCLK=CLK/2 注：CLK=定标后的 HSPCLK（ADCCLKPS[3:0]）

续表

位	名　称	功 能 描 述
6	CONT_RUN	运行方式 0：读取完转换序列后停止（启动/停止模式） 1：连续转换模式（从起始状态开始）
5	SEQ_OVRD	排序器运行方式（连续运行模式） 0：转换完 MAX_CONVn 个通道后，排序器指针复位到初始状态 1：最后一个排序状态后，排序器指针复位到初始状态
4	SEQ_CASC	排序器模式 0：双排序器模式 1：级联排序器模式
3~0	Reserved	保留

2）ADC 模块控制寄存器 ADCTRL2

ADC 模块控制寄存器 ADCTRL2 的说明见表 7-10。

表 7-10　控制寄存器 ADCTRL2

位	名　称	功 能 描 述
15	ePWM_SOCB_SEQ	级联排序器使能 ePWM SOCB 0：无效 1：允许 ePWM SOCB 信号启动级联排序器
14	RST_SEQ1	复位排序器 0：无效 1：立即将排序器 SEQ1 复位到 CONV00 状态
13	SOC_SEQ1	SEQ1 的启动转换触发 以下触发可引起该位的置位 S/W——软件向该位写 1 ePWM_SOCA——ePWM 触发 ePWM_SOCB——ePWM 触发（仅在级联模式中） EXT——外部引脚触发（在 GPIOxINT2SEL 寄存器中配置为 XINT2 的外部引脚，即 GPIO 端口 A 组引脚 GPIO31～GPIO0） 当触发源到来时，有 3 种情况 （1）SEQ1 空闲且 SOC 位清零。SEQ1 立即开始，允许任何触发"挂起"的请求 （2）SEQ1 忙且 SOC 位清零。此时表示可以挂起一个触发请求。当完成当前的转换 SEQ1 重新开始时，该位清零 （3）SEQ1 忙且 SOC 位置位。这种情况下任何触发将会忽视（丢失）
12	Reserved	保留
11	INT_ENA_SEQ1	SEQ1 中断使能 0：禁止 INT_SEQ1 向 CPU 发出中断申请 1：允许 INT_SEQ1 向 CPU 发出中断申请

续表

位	名　称	功　能　描　述
10	INT_MOD_SEQ1	SEQ1 中断模式 0：每个 SEQ1 序列结束时，INT_SEQ1 置位 1：每隔一个 SEQ1 序列结束时，INT_SEQ1 置位
9	Reserved	保留
8	ePWM_SOCA_SEQ1	SEQ1 的 ePWM SOCA 启用位 0：SEQ1 不能由 ePWM SOCA 触发器启动 1：允许 ePWM SOCA 触发器启动 SEQ1/SEQ
7	EXT_SOC_SEQ1	SEQ1 的外部信号启动位 0：无操作 1：外部 ADCSOC 引脚信号（即 GPIO 端口 A 组引脚 GPIO31～GPIO0)启动 ADC 自动转换序列
6	RST_SEQ2	复位 SEQ2 0：无操作 1：将 SEQ2 复位到"触发前"状态，即在 CONV08 等待触发信号
5	SOC_SEQ2	序列 2(SEQ2)的转换触发启动 仅适用于双排序模式，在级联模式下不使用，下列触发可使该位置位 S/W——软件向该位写 1 ePWM_SOCB——ePWM 触发 当触发源到来时，有 3 种情况 (1) SEQ2 空闲且 SOC 位清零。SEQ1 立即开始，允许任何触发"挂起"的请求 (2) SEQ2 忙且 SOC 位清零。此时表示可以挂起一个触发请求。当完成当前的转换 SEQ1 重新开始时，该位清零 (3) SEQ2 忙且 SOC 位置位。这种情况下任何触发都会忽视（丢失）
4	Reserved	保留
3	INT_ENA_SEQ2	SEQ2 中断使能 0：禁止 INT_SEQ2 向 CPU 发出中断申请 1：允许 INT_SEQ2 向 CPU 发出中断申请
2	INT_MOD_SEQ2	SEQ2 中断模式 0：每个 SEQ2 序列结束时，IN_ SEQ2 置位 1：每隔一个 SEQ2 序列结束时，INT_SEQ2 置位
1	Reserved	保留
0	ePWM_SOCB_SEQ2	SEQ2 的 ePWM SOCB 启动位 0：SEQ2 不能由 ePWM SOCB 触发器启动 1：允许 ePWM SOCB 触发器启动 SEQ2

3）ADC 模块控制寄存器 ADCTRL3

ADC 模块控制寄存器 ADCTRL3 的说明见表 7-11。

表 7-11　控制寄存器 ADCTRL3

位	名　称	功 能 描 述
15～8	Reserved	保留
7、6	ADCBGRFDN[1:0]	ADC 带隙和参考电路上电使能位 00：带隙与参考电路断电 11：带隙与参考电路上电
5	ADCPWDN	ADC 模拟电路上电使能位 0：内核内除带隙和参考电路外的 ADC 其他模拟电路断电 1：内核内的模拟电路上电
4～1	ADCCLKPS[3:0]	ADC 的内核时钟分频器 对 F28x 外设时钟 HSPCLK 进行 2×ADCCLKPS[3:0]的分频，分频后的时钟再进行 ADCTRL1[7]+1 分频从而产生 ADC 的内核时钟 ADCCLK ADCCLKPS[3:0]　时钟分频　　　　　　　　ADCLK 0000　　　　　　0　　　HSPCLK/(ADCTRL1[7]+1) 0001　　　　　　1　　　HSPCLK/[2×(ADCTRL1[7]+1)] 0010　　　　　　2　　　HSPCLK/[4×(ADCTRL1[7]+1)] 0011　　　　　　3　　　HSPCLK/[6×(ADCTRL1[7]+1)] 0100　　　　　　4　　　HSPCLK/[8×(ADCTRL1[7]+1)] 0101　　　　　　5　　　HSPCLK/[10×(ADCTRL1[7]+1)] 0110　　　　　　6　　　HSPCLK/[12×(ADCTRL1[7]+1)] 0111　　　　　　7　　　HSPCLK/[14×(ADCTRL1[7]+1)] 1000　　　　　　8　　　HSPCLK/[16×(ADCTRL1[7]+1)] 1001　　　　　　9　　　HSPCLK/[18×(ADCTRL1[7]+1)] 1010　　　　　　10　　HSPCLK/[20×(ADCTRL1[7]+1)] 1011　　　　　　11　　HSPCLK/[22×(ADCTRL1[7]+1)] 1100　　　　　　12　　HSPCLK/[24×(ADCTRL1[7]+1)] 1101　　　　　　13　　HSPCLK/[26×(ADCTRL1[7]+1)] 1110　　　　　　14　　HSPCLK/[28×(ADCTRL1[7]+1)] 1111　　　　　　15　　HSPCLK/[30×(ADCTRL1[7]+1)]
0	SMODE_SEL	采样模式选择 0：顺序采样 1：同步采样

4）ADC 模块自动排序状态寄存器 ADCASEQSR

ADC 模块自动排序状态寄存器 ADCASEQSR 的说明见表 7-12。

表 7-12　自动排序状态寄存器 ADCASEQSR

位	名　称	功 能 描 述
15～12	保留	保留
11～8	SEQ_CNTR	排序器计数器状态位 该 4 位计数状态字段由 SEQ1、SEQ2 和级联排序器使用 SEQ_CNTR 在转换序列开始时初始化为 MAXCONV 中的值。每次自动序列转换完成后，排序器计数减 1

位	名　称	功　能　描　述
7	保留	
6～4	SEQ2_STATE	SEQ2 的指针，保留给 TI 芯片测试使用
3～0	SEQ1_STATE	SEQ1 的指针，保留给 TI 芯片测试使用

5）ADC 模块状态和标志寄存器 ADCST

ADC 模块状态和标志寄存器 ADCST 的说明见表 7-13。

表 7-13　状态和标志寄存器 ADCST

位	名　称	功　能　描　述
15～8	保留	保留
7	EOS_BUF2	SEQ2 的排序缓冲结束位 在中断模式 0 下，该位不用或保持为 0；在中断模式 1 下，在每一个 SEQ2 排序的结束时触发。该位在芯片复位时被清除，不受排序器复位或清除相应中断标志的影响
6	EOS_BUF1	SEQ1 的排序缓冲结束位 在中断模式 0 下，该位不用或保持为 0；在中断模式 1 下，在每一个 SEQ1 排序结束时进行切换。该位在芯片复位时被清除，不受排序器复位或清除相应中断标志的影响
5	INT_SEQ1_CLR	中断清除位 0：无影响 1：清除 SEQ2 的中断标志位 INT_SEQ2
4	INI_SEQ1_CLR	中断清除位 0：无影响 1：清除 SEQ1 的中断标志位 INT_SEQ1
3	SEQ2_BSY	SEQ2 忙状态位 0：SEQ2 处于空闲状态，等待触发信号 1：SEQ2 正在运行
2	SEQ1_BSY	SEQ1 忙状态位 0：SEQ1 处于空闲状态，等待触发信号 1：SEQ1 正在运行
1	INT_SEQ2	SEQ2 中断标志位 向该位的写无影响。在中断模式 0 下，该位在每个 SEQ2 排序结束时被置位；在中断模式 1 下，如果 EOS_BUF2 被置位，该位在一个 SEQ2 排序结束时置位 0：没有 SEQ2 中断事件 1：已产生 SEQ2 中断事件
0	INT_SEQ1	SEQ2 中断标志位 向该位的写无影响。在中断模式 0 下，该位在每个 SEQ1 排序结束时被置位；在中断模式 1 下，如果 EOS_BUF1 被置位，该位在一个 SEQ1 排序结束时置位 0：没有 SEQ1 中断事件 1：已产生 SEQ1 中断事件

6）ADC 模块结果寄存器 ADCRESULT*n*

ADC 模块结果寄存器 ADCRESULT*n* 的说明以及 0～3V 的模拟输入电压转换结果对应表见表 7-14 和表 7-15。

表 7-14 结果寄存器 ADCRESULT*n*

15	14	13	12	11	10	9	8	7	6	8	4	3	2	1	0
D11	D10	D9	D8	D7	D6	D5	D4	D3	D2	D1	D0	×	×	×	×

表 7-15 转换结果对应表

模拟电压/V	转换结果	结果寄存器
3.0	FFFh	1111 1111 1111 0000
1.5	7FFh	0111 1111 1111 0000
0.00073	1h	0000 0000 0001 0000
0	0h	0000 0000 0000 0000

7.6 ADC 模块应用实例

【例 7-5】 采用中断方式对引脚 ADCINA0 和 ADCINA1 输入的信号进行采样，采用 ePWM*x* SOCA 启动 AD 转换。

ADC 模块的初始化程序如下。

```
void InitAdc(void)
{
  extern void DSP28x_usDelay(Uint32 Count);
  EALLOW;
  SysCtrlRegs.PCLKCR0.bit.ADCENCLK = 1;        //使能 ADC 模块时钟
  ADC_cal();                                    //调用 ADC_cal 程序,可直接调用
  EDIS;

  AdcRegs.ADCTRL3.all = 0x00E0;                 //ADC 带隙参考电路上电
  DELAY_US(5000L);                              //等待上电结束,5ms 延时
  AdcRegs.ADCTRL1.bit.ACQ_PS = 0x1;             //采样窗宽度为(1 + ACQ_PS) * ADCCLK 周期
  AdcRegs.ADCTRL3.bit.ADCCLKPS = 0x0;           //25MHz
  AdcRegs.ADCTRL1.bit.SEQ_CASC = 1;             //级联模式
  AdcRegs.ADCTRL3.bit.SMODE_SEL = 0;            //顺序采样
  AdcRegs.ADCTRL1.bit.CONT_RUN = 1;             //连续运行
  AdcRegs.ADCTRL1.bit.SEQ_OVRD = 1;             //使能排序覆盖
  AdcRegs.ADCMAXCONV.all = 0x0001;              //2 通道
  AdcRegs.ADCCHSELSEQ1.bit.CONV00 = 0x0;        //采样 ADCINA0 通道
  AdcRegs.ADCCHSELSEQ1.bit.CONV01 = 0x1;        //采样 ADCINA1 通道
  AdcRegs.ADCTRL2.bit.EPWM_SOCA_SEQ1 = 1;       //允许 ePWM SOCA 触发启动 SEQ1
  AdcRegs.ADCTRL2.bit.INT_ENA_SEQ1 = 1;         //允许 SEQ1 发出中断申请
}
```

主函数内容如下。

```
void main(void)
{
  InitSysCtrl();                              //系统及外设时钟初始化
  EALLOW;
  SysCtrlRegs.HISPCP.all = 0x3;               //HSPCLK = SYSCLKOUT/(2 * 3) = 25MHz
  EDIS;
  DINT;                                       //禁止 CPU 中断
  InitPieCtrl();                              //初始化 PIE 控制寄存器为默认值
  IER = 0x0000;                               //禁止 CPU 中断
  IFR = 0x0000;                               //清除 CPU 中断标志位
  InitPieVectTable();                         //初始化 PIE 中断向量表
  EALLOW;
  PieVectTable.ADCINT = &adc_isr;             //中断服务程序的入口地址赋给指针变量 ADCINT
  EDIS;
  InitAdc();                                  //ADC 模块初始化
  IER | = 0x0001;                             //使能 CPU 的第 1 组中断
  PieCtrlRegs.PIEIER1.bit.INTx6 = 1;          //使能 PIE 的第 1 组的 ADC 中断
  EINT;                                       //使能全局中断
  ERTM;                                       //使能实时中断
  EPwm1Regs.ETSEL.bit.SOCAEN = 1;             //Enable SOC on A group
  EPwm1Regs.ETSEL.bit.SOCASEL = 4;            //Select SOC from from CPMA on upcou
  EPwm1Regs.ETPS.bit.SOCAPRD = 1;             //Generate pulse on 1st event
  EPwm1Regs.CMPA.half.CMPA = 0x0080;          //Set compare A value
  EPwm1Regs.TBPRD = 0xFFFF;                   //Set period for ePWM1
  EPwm1Regs.TBCTL.bit.CTRMODE = 0;            //count up and start
  for(; ;)
  {}
}
```

ADC 中断服务程序如下。

```
interrupt void adc_isr(void)
{
  dcvoltage = (AdcRegs.ADCRESULT0)>> 4;       //读取 A0 通道的采样结果
  dccurent = (AdcRegs.ADCRESULT1)>> 4;        //读取 A1 通道的采样结果
  Sumdcv += dcvoltage;                        //对多次采样结果求和
  dcvcount++;
  if(dcvcount == 100)
  {
    Averagedcv = Sumdcv/100;                  //求平均值
    Sumdcv = 0;
    dcvcount = 0;
  }
  Sumdcc += dccurent;
  dcccount++;
  if(dcccount == 200)
  {
```

```
        Averagedcc = Sumdcc/200;              //求平均值
        Sumdcc = 0;
        dcccount = 0;
    }
        AdcRegs.ADCTRL2.bit.RST_SEQ1 = 1;     //复位 SEQ1
        AdcRegs.ADCST.bit.INT_SEQ1_CLR = 1,   //清除 SEQ1 的中断标志位
        PieCtrlRegs.PIEACK.all  =  0x0001;    //允许 PIE 的第 1 组中断申请
    }
```

习题及思考题

（1）ADC 模块的排序器有几种模式？各有什么特点？

（2）ADC 模块的采样模式有几种？

（3）怎样通过 ePWM 触发 ADC 采样？各寄存器如何配置？

（4）如何读取 ADC 转换结果？

CHAPTER 8

增强型 CAN 控制器

8.1　eCAN 模块概述

F2833x DSP 集成了增强型 CAN 模块(eCAN),支持 CAN2.0B 协议,具有 32 个可配置的邮箱和时间标记功能,采用多主串行通信协议,可以有效地支持分布式实时控制,通信速率最高达 1Mbps。CAN 总线的数据最长为 8 字节,采用仲裁协议和错误检测机制,有效地保证了数据的完整性。

CAN 协议支持 4 种不同类型的帧格式。

(1) 数据帧:从发送节点到接收节点的数据。

(2) 远程帧:由一个节点发出,请求发送带有相同标识符的数据帧。

(3) 错误帧:总线上任何检测到错误的节点发出的帧。

(4) 过载帧:相邻数据帧或远程帧之间增加的额外延时。

8.2　eCAN 网络与功能模块

8.2.1　CAN 总线数据格式

CAN2.0B 总线定义了两种不同的数据格式,主要区别在于标识符的长度。标准格式 CAN 的标识符长度是 11 位,扩展格式 CAN 标识符长度可达 29 位。标准数据帧位数为 44~108 位,扩展数据帧位数为 64~128 位。此外,根据数据流代码的不同,可以在标准数据帧中插入多达 23 个填充位,在扩展数据帧中插入 28 个填充位,因此,标准数据帧的长度可达 131 位,扩展数据帧的长度可达 156 位。

数据帧的格式如图 8-1 所示,由 7 个不同的位场组成:帧起始(Start of Frame)、仲裁

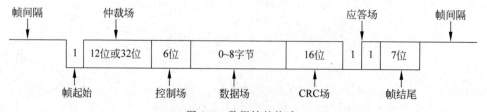

图 8-1　数据帧的格式

场(Arbitration Frame)、控制场(Control Frame)、应答场(ACK Frame)、帧结尾(End of Frame)、数据场(Data Frame)和 CRC 场(CRC Frame)。其中,数据场的长度可以为0。

帧起始标志着数据帧和远程帧的开始,由一个"显性"位组成。标准帧和扩展帧的仲裁场格式有所不同,如图 8-2 所示,标准格式里,仲裁场由 11 位的标识符和 RTR 位组成;扩展格式里,仲裁场包括 29 位识别符、SRR 位、IDE 位和 RTR 位。

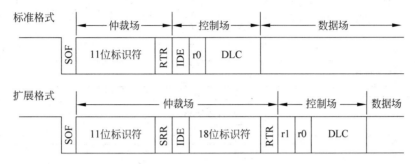

图 8-2　不同格式的仲裁场

RTR(Remote Transmission Request bit)位是远程传送请求,RTR 位在数据帧里必须为"显性"0,而在远程帧里必须为"隐性"1。远程帧没有数据场,数据长度代码的值可以为 0～8 的任何数值。SRR(Substitute Remote Request bit)位是替代远程传送请求,在扩展格式里替代标准帧的 RTR 位。当标准帧和扩展帧出现冲突时,标准帧优先于扩展帧。IDE(IDentifier Extension bit)位为标识符扩展位,标准格式 IDE 位的值为 0,扩展格式 IDE 位的值为 1。

8.2.2　eCAN 控制器

F2833x 内有两个增强型 CAN 总线控制器(eCAN),完全兼容 CAN2.0B 标准。图 8-3 为 eCAN 模块的结构框图,从图中可以看到,eCAN 控制器的内部结构是 32 位,主要由 CAN 协议内核 CPK 和消息控制器构成。

1) CPK 内核

CPK 内核主要有两个功能:一是根据 CAN 协议对从 CAN 总线上接收到的所有消息进行译码,并把这些消息发送给接收缓冲器;二是根据 CAN 协议将需要发送的消息发送到 CAN 总线上。

2) 消息控制器

消息控制器由以下部分组成。

(1) 存储器管理单元,包括 CPU 接口、接收控制单元和定时器管理单元。

(2) 32 个邮箱存储器,每个邮箱具有 4×32 位空间。

(3) 控制和状态寄存器。

消息控制器主要负责决定是否保存由 CPK 接收到的消息,以便供 CPU 使用或者丢弃,同时负责根据消息的优先级将消息发送给 CPK。

当 CPK 接收到有效的消息后,消息控制器的接收单元确定是否将接收到的消息存

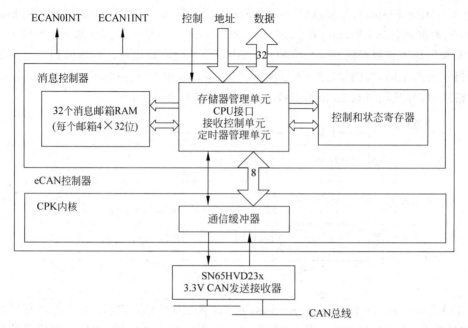

图 8-3　eCAN 模块的结构框图

储到邮箱存储器中。接收控制单元根据消息的状态、标识符和所有消息对象屏蔽寄存器确定存放消息的相应的邮箱位置。如果接收控制单元不能找到存放接收消息的有效地址，接收到的消息将会被丢弃。

当一个消息被发送时，消息控制器传送消息到 CPK 的发送缓冲器，以便在下一个总线空闲状态开始时发送该消息。一条消息由 11 位或 29 位标识符、一个控制字段，以及8 个数据字节组成。

当有多个消息需要发送时，消息控制器将根据这些消息的优先级对其进行排队，首先将优先级最高的消息传送到 CPK。如果两个发送邮箱需要发送的消息具有相同的优先级，则首先发送编号大的邮箱内所存放的消息。

为了使 F2833x eCAN 模块的电平符合高速 CAN 总线的电平特性，在 eCAN 模块和 CAN 总线之间需要增加 CAN 的电平转换器件，如 3.3V 的 CAN 发送接收器SN65HVD23x。

在 F2833x DSP 中，eCAN 模块的相关存储器被映射到了两个不同的地址空间。如图 8-4 所示，第 1 段地址空间分配给了控制寄存器、状态寄存器、接收滤波器等，第 2 段地址空间分配给了 32 个邮箱，两段地址空间各占 512 字节（256×16 位）的地址空间。

8.2.3　消息邮箱

eCAN 模块有 32 个消息邮箱，每一个邮箱都可以配置为接收和发送邮箱，每一个邮箱有 16 字节的存储空间，如图 8-5 所示。每个寄存器均有 4 字节的空间。每个邮箱包含以下内容：

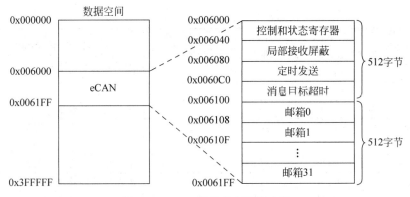

图 8-4　eCAN 模块的存储器映射

（1）消息标识符, 29 位扩展标识符, 11 位标准标识符。

（2）标识符扩展位, IDE(MSGID31)。

（3）接收屏蔽使能位, AME(MSGID30)。

（4）自动应答模式位, AAM(MSGID29)。

（5）发送优先级, TPL(MSGCTRL12～8)。

（6）远程传输请求位, RTR(MSGCTRL4)。

（7）数据长度代码, DLC(MSGCTRL3～0)。

（8）8 字节的数据区。

0x006100	消息标识寄存器
0x006101	
0x006102	消息控制寄存器
0x006103	
0x006104	消息数据寄存器低
0x006105	
0x006106	消息数据寄存器高
0x006107	

图 8-5　邮箱的构成

8.3　eCAN 模块寄存器

eCAN 模块通信是通过对寄存器的配置来实现的。eCAN 模块所有的控制和状态寄存器及相应的地址映射见表 8-1。

表 8-1　eCAN 模块的控制和状态寄存器

寄存器名称	eCAN-A 地址	eCAN-B 地址	占用地址（32 位）	功 能 描 述
CANME	0x6000	0x6200	1	邮箱使能寄存器
CANMD	0x6002	0x6202	1	邮箱方向寄存器
CANTRS	0x6004	0x6204	1	发送请求置位寄存器
CANTRR	0x6006	0x6206	1	发送请求复位寄存器
CANTA	0x6008	0x6208	1	发送应答寄存器
CANAA	0x600A	0x620A	1	发送中止应答寄存器
CANRMP	0x600C	0x620C	1	接收消息等待寄存器
CANRML	0x600E	0x620E	1	接收消息丢失寄存器
CANRFP	0x6010	0x6210	1	远程帧等待寄存器
CANGAM	0x6012	0x6212	1	全局接收屏蔽寄存器
CANMC	0x6014	0x6214	1	主控制寄存器
CANBTC	0x6016	0x6216	1	位时序配置寄存器

续表

寄存器名称	eCAN-A 地址	eCAN-B 地址	占用地址（32 位）	功 能 描 述
CANES	0x6018	0x6218	1	错误和状态寄存器
CANTEC	0x601A	0x621A	1	发送错误计数器
CANREC	0x601C	0x621C	1	接收错误计数器
CANGIF0	0x601E	0x621E	1	全局中断标志 0 寄存器
CANGIM	0x6020	0x6220	1	全局中断屏蔽寄存器
CANGIF1	0x6022	0x6222	1	全局中断标志 1 寄存器
CANMIM	0x6024	0x6224	1	邮箱中断屏蔽寄存器
CANMIL	0x6026	0x6226	1	邮箱中断级别寄存器
CANOPC	0x6028	0x6228	1	覆盖保护控制寄存器
CANTIOC	0x602A	0x622A	1	发送 I/O 控制寄存器
CANRIOC	0x602C	0x622C	1	接收 I/O 控制寄存器
CANTSC	0x602E	0x622E	1	时间标记寄存器（SCC 模式中保留）
CANTOC	0x6030	0x6230	1	超时控制寄存器（SCC 模式中保留）
CANTOS	0x6032	0x6232	1	超时状态寄存器（SCC 模式中保留）

1）邮箱使能寄存器 CANME

邮箱使能寄存器 CANME 用于使能或者禁止任何一个邮箱。邮箱使能寄存器的位说明见表 8-2。

表 8-2　邮箱使能寄存器 CANME

位	名　称	功 能 描 述
31～0	CANME[31:0]	邮箱使能控制位。上电复位后，CANME 的所有位清零。禁用的邮箱空间可以当作通用 RAM 存储器使用 0：相应的邮箱被禁止使用 1：CAN 模块中相应的邮箱被使能。在写标识符域前邮箱必须被禁用。如果 CANME 的相应位已被置位，那么邮箱标识符的写入权限将被禁止

2）邮箱方向寄存器 CANMD

邮箱方向寄存器 CANMD 用来设置邮箱为发送邮箱还是接收邮箱。该寄存器的位说明见表 8-3。

表 8-3　邮箱方向寄存器 CANMD

位	名　称	功 能 描 述
31:0	CANMD[31:0]	邮箱方向位。加电后，所有的位被清除 0：相应的邮箱被配置为一个发送邮箱 1：相应的邮箱被配置为一个接收邮箱

3）发送请求置位寄存器 CANTRS

当邮箱 n 准备发送时，CPU 将 TRS[n]置 1 来启动发送。当发送成功或放弃发送时,寄存器的相应位被复位。当 CPU 试图将该寄存器中的某位置位,而同时 CAN 模块要将其清零时,该位被置位。此外,CAN 模块可以对该寄存器置位来响应远程帧的请求。

当一个邮箱被设置为接收邮箱时,CANTRS 中的相应位不起作用。当接收邮箱被配置为处理远程帧时(该邮箱的 RTR 位置 1),接收邮箱的 TRS[n] 位将不会被忽略。如果 RTR 和 TRS[n] 均被置位,接收邮箱可以发送一个远程帧。　且远程帧发送完毕后,CAN 模块将相应的 TRS[n] 位自动清零。

如果将该寄存器中的多位同时置位,且没有设置 MSGCTRL 的 TPL 位指令,所有 TRS 被置位的消息将按照邮箱编号从高到低依次发送。该寄存器的位说明见表 8-4。

表 8-4　发送请求置位寄存器 CANTRS

位	名　称	功　能　描　述
31～0	TRS[31:0]	发送请求设置位。上电复位后,CANTRS 的所有位被清零 0:写 0 无影响 1:置位 TRS[n] 时,发送邮箱 n 中的消息将被发送出去

4）发送响应寄存器 CANTA

如果邮箱 n 中的消息已经发送成功,则相应的 TA[n] 将置位。向 CANTA 中的位写 1 才能使其复位。如果已经产生中断,向 CANTA 寄存器写 1,则可以清除中断,向 CANTA 寄存器写 0 没有影响。当 CPU 试图将某位复位,而同时 CAN 模块要将其置位时,该位被置位。上电后,寄存器所有的位都被清除。发送响应寄存器的位说明见表 8-5。

表 8-5　发送响应寄存器 CANTA

位	名　称	功　能　描　述
31～0	TA[31:0]	发送确认位 0:消息未发送 1:如果邮箱[n] 中的消息被成功发送,则该寄存器的[n] 位被置位

5）接收消息挂起寄存器 CANRMP

如果邮箱 n 包含一条接收到的消息,则该寄存器的 RMP[n] 位被置位,向 CANRMP 中的位写 1 能使其复位。接收消息挂起寄存器的位说明见表 8-6。

表 8-6　接收消息挂起寄存器 CANRMP

位	名　称	功　能　描　述
31～0	RMP[31:0]	接收消息等待位 0:邮箱不包含消息 1:如果邮箱[n] 包含一条接收到的消息,则该寄存器的 RMP[n] 位被置位

6）主控寄存器 CANMC

主控寄存器 CANMC 用于控制 CAN 模块的设置,该寄存器的位说明见表 8-7。

表 8-7　主控寄存器 CANMC

位	名　称	功　能　描　述
31～17	保留位	读返回值 0,写没有影响
16	SUSP	该位决定了 CAN 模块进入仿真挂起状态(如断点或单步执行)时的操作 0:SOFT 模式。在当前消息发送完成后,关闭 CAN 外设并进入挂起状态 1:FREE 模式。在挂起状态下 CAN 外设仍正常工作
15	MBCC	邮箱时间标记计数器清零位。该位受 EALLOW 保护,在标准 CAN 模式下该位被保留 0:不复位邮箱时间标记计数器 1:在邮箱 16 成功发送或接收后,时间标记计数器复位为 0
14	TCC	时间标记计数器最高位(MSB)的清零位。该位受 EALLOW 保护,在标准 CAN 模式下该位被保留 0:时间标记计数器无变化 1:时间标记计数器最高位复位为 0。经过一个时钟周期后,TCC 位由内部逻辑自动清零
13	SCB	CAN 模式控制位。该位受 EALLOW 保护,在标准 CAN 模式下该位被保留 0:选择标准 CAN 模式,只有邮箱 0～15 可以使用 1:选择 eCAN 模式
12	CCR	改变配置请求。该位受 EALLOW 保护 0:CPU 请求正常操作模式。只有在配置寄存器(CANBTC)为允许值后才可实现该操作 1:CPU 请求向标准 CAN 模式的配置寄存器(CANBTC)和接收屏蔽寄存器(CANGAM、LAM[0]和 LAM[3])进行写操作。该位置 1 后,CPU 必须等待直到 CANES 寄存器中的 CCE 标志为 1 后,才能对 CANBTC 寄存器进行操作
11	PDR	低功耗模式请求。该位受 EALLOW 保护,在 eCAN 模块被从低功耗模式下唤醒后,自动清零该位 0:不请求低功耗模式(即正常工作模式) 1:请求进入低功耗模式 注:如果应用程序将一个邮箱的 TRS[n]位置位后即刻置位 PDR 位,CAN 模块会立即进入低功耗模式而不发送任何数据帧。这是因为将数据从邮箱 RAM 传送到发送缓冲器需要 80 个 CPU 周期。因此应用程序要保证在写入 PDR 位前,任何挂起的发送均已完成。通过查询 TA[n]位可以确保发送完成
10	DBO	设置数据字节顺序。用于选择消息数据域的字节排列顺序,该位受 EALLOW 保护 0:首先接收或者发送数据的最高字节 1:首先接收或者发送数据的最低字节

续表

位	名　称	功　能　描　述
9	WUBA	总线唤醒方式设置,该位受 EALLOW 保护 0:只有用户程序将 PDR 位清 0 后 CAN 控制器才退出低功耗模式 1:当检测到 CAN 总线上任何有效信息时,CAN 控制器退出低功耗模式
8	CDR	数据域改变请求位。该位允许快速刷新数据消息 0:CPU 控制器处于正常工作模式 1:CPU 请求对由位域 MBNR.4（CANMC.4～0）所指定邮箱的数据域进行写操作,CPU 必须在完成对邮箱的访问后清除 CDR 位。当 CDR 置位时,CAN 模块不发送该邮箱的内容。在 CAN 模块从邮箱中读取数据并将其存储到发送缓冲器后,状态机将检查该位
7	ABO	自动恢复总线位,该位受 EALLOW 保护 0:当清除 CCR 位后,只有在总线上连续出现 128×11 个隐性位后才退出总线关闭状态 1:当 CAN 模块进入总线关闭状态时,在检测到 128×11 个连续的隐性位后,自动回到总线启动状态
6	STM	自检测模式使能位,该位受 EALLOW 保护 0:CAN 模块工作于正常模式 1:CAN 模块处于自检测模式。在这种模式下,CAN 模块产生自己的应答信号,无须连接到 CAN 总线上也可以工作;信息帧并没有被发送出去,但可以被读回并存储在相应的邮箱中。在自检测模式下,接收帧的 MSGID 不保存在 MBR 中
5	SRES	CAN 模块的软件复位,对该位只能进行写操作,读操作总是返回 0 0:无影响 1:对该位写 1 将产生一个软件复位(除受保护寄存器之外,所有参数都将被复位为其默认值)。邮箱的内容和错误计数器保持不变,而已被挂起和正在进行发送的帧被取消
4～0	MBNR	设置邮箱编号 0:设定 CPU 请求向数据区进行写操作的邮箱编号,这几位需配合 CDR 位使用 1:MBNR.4 位仅用于 eCAN 模式,在标准 CAN 模式下该位被保留

7) 时序配置寄存器 CANBTC

时序配置寄存器 CANBTC 用于配置通信传输的波特率等。在应用时,该寄存器被写保护,只能在初始化阶段时进行写操作。该寄存器的位说明见表 8-8。

表 8-8　时序配置寄存器 CANBTC

位	名　称	功　能　描　述
31～24	Reserved	读返回值不确定，写没有影响
23～16	BRP$_{reg}$	波特率的预定标因子 时间量 TQ 的值被定义为 $$TQ=\frac{1}{SYSCLKOUT}\times(BRP_{reg}+1)$$ 在这里 SYSCLKOUT 是 CAN 模块时钟的频率，与其他串行外设模块采用低速外设时钟不同，CAN 模块的时钟频率与 CPU 时钟相同。BRP$_{reg}$ 是波特率预定标值，BRP＝BRP$_{reg}$＋1，BRP 可设置为 2～256
15～10	Reserved	读返回值 0，写没有影响
9、8	SJW$_{reg}$1～0	同步跳转宽度控制 当 CAN 总线上实现数据流同步时，SJW 表示一个通信位允许被延长或者缩短多少个 TQ 单元。定义 SJW＝SJW$_{reg}$＋1，即 SJW 可编程为 1～4 个 TQ 值，SJW 的最大值是 TESG2 和 4TQ 之间最小值，即 $$SJW_{max}=min[4TQ,TESG2]$$
7	SAM	数据采样次数设置位 0：CAN 模块对一个数据位只采样一次 1：CAN 模块对总线上每位数据采样 3 次，并以占多数的值作为最终结果。只有当 BRP＞4 时才允许选择 3 次采样模式
6～3	TSEG1$_{reg}$3～0	设置时间段 1 • CAN 总线上一位占用的时间长度由参数 TSEG1、TSEG2 和 BRP 决定，CAN 总线上的所有控制器必须有相同的波特率和位宽度，不同时钟频率的控制器必须通过上述参数调整波特率 • TSEG1 时间段的长度以 TQ 为单位，TSEG1 可表示为 $$TSEG1=PROG\_SEG+PHASE\_SEG1$$ 这里的 PROG_SEG 和 PHASE_SEG1 是以 TQ 为长度单位的时间段 • 定义时间段 1 为 TSEG1＝TSEG1$_{reg}$＋1，TSEG1 的值必须大于或等于 TSEG2 和 IPT 的值
2～0	TSEG2$_{reg}$3～0	设置时间段 2 • 定义时间段 2 为：TSEG2＝TSEG2$_{reg}$＋1 • TSEG2 以 TQ 为单位，并决定了 PHASE_SEG2 的时间长度 • TSEG2 可设置为 1TQ～8TQ，但 TSEG2 必须小于或等于 TSEG1，同时必须大于或等于 IPT

8）错误和状态寄存器 CANES

错误和状态寄存器的位说明见表 8-9。

表 8-9　错误和状态寄存器 CANES

位	名　称	功　能　描　述
31～25	Reserved	读返回值 0,写没有影响
24	FE	格式错误标志位 0：未检测到格式错误,CAN 模块叫以止常发送和接收数据 1：总线上出现了格式错误。这意味着,总线上有一个或多个固定格式区域中出现了错误电平
23	BE	位错误标志 0：未检测到位错误 1：在发送非仲裁域时,收到的位与发送的位不匹配,或者在发送仲裁域时,发送了一个显性位,却收到了一个隐性位
22	SA1	显性位阻塞错误标志。在硬件复位、软件复位或总线关闭后位 SA1 一直为 1。当在总线上侦测到一个隐性位时,该位被清零 0：CAN 模块侦测到隐性位 1：CAN 模块未侦测到隐性位
21	CRCE	循环冗余校验(CRC)错误 0：CAN 模块未收到 CRC 错误 1：CAN 模块接收到 CRC 错误
20	SE	填充错误标志 0：没有发生填充位错误 1：发生填充位错误
19	ACKE	应答错误标志 0：所有消息均被正确应答 1：CAN 模块没有收到应答信号
18	BO	总线关闭状态标志 0：正常工作 1：表明 CAN 总线出现异常错误。当发送错误计数器(CANTEC)达到上限值 256 时,发生这种错误。在总线关闭状态,将无法接收和发送消息。可以通过清零 CCR 位,或者置位 ABO 位 (CANMC.7)并在接收到 128×11 个隐形位后退出总线关闭状态。一旦退出总线关闭状态后,错误计数器被清零
17	EP	错误被动状态 0：CAN 模块处于错误主动模式 1：CAN 模块处于错误被动模式,CANTEC 的值已达到 128
16	EW	警告状态标志 0：两个错误计数器(CANREC 和 CANTEC)值均低于 96 1：两个错误计数器(CANREC 和 CANTEC)之一已达到警告值 96
15～6	Reserved	读返回值 0,写没有影响
5	SMA	挂起模式应答位 0：CAN 模块未进入挂起模式 1：CAN 模块进入挂起模式

位	名　称	功　能　描　述
4	CCE	改变配置使能位 0：禁止 CPU 对配置寄存器进行写操作 1：允许 CPU 对配置寄存器进行写操作
3	PDA	掉电模式应答位 0：正常工作模式 1：CAN 模块进入掉电模式
2	Reserved	读返回值 0，写没有影响
1	RM	接收状态 0：CAN 模块没有接收消息 1：CAN 模块正在接收消息
0	TM	发送状态 0：CAN 模块没有发送消息 1：CAN 模块正在发送消息

9）全局中断标志寄存器 CANGIF0/CANGIF1

全局中断标志寄存器 CANGIF0/CANGIF1 的位说明见表 8-10。

表 8-10　全局中断标志寄存器 CANGIF0/CANGIF1

位	名　称	说　　明
31～18	Reserved	被保留。读操作作为不确定值，写操作无效
17	MTOF0/1	邮箱超时标志。在 SCC 模式下，该位不可用。1：某邮箱在特定的时间帧内没有进行发送或接收消息；0：邮箱无超时
16	TCOF0/1	定时邮递计数器溢出标志位。1：定时邮递计数器的 MSB 从 0 变为 1；0：定时邮递计数器的 MSB 为 0。即，它没有从 0 变为 1
15	GMIF0/1	全局邮箱中断标志。只有当在 CANMIM 寄存器中相应的邮箱中断屏蔽位已设置时，才设置此位。1：某一邮箱成功发送和接收了一个消息；0：没有成功发送或接收到任何消息
14	AAIF0/1	失败确认中断标志位。1：发送请求已失败；0：没有发送失败
13	WDIF0/1	"写拒绝"中断标志位。1：CPU 对某邮箱的写操作失败；0：CPU 对某邮箱的写操作成功
12	WUIF0/1	唤醒中断标志位。1：在局部掉电过程中，该标志表示模块已退出休眠模式；0：模块仍处于休眠模式或正常运行
11	RMLIF0/1	"接收消息丢失"中断标志位。1：至少有一个接收邮箱发生溢出，并且 MILn 寄存器的相应位已被置位；0：没有丢失任何消息
10	BOIF0/1	总线禁止中断标志位。1：CAN 模块已经进入总线禁止模式；0：CAN 模块仍处于总线运行模式
9	EPIF0/1	被动错误中断标志位。1：CAN 模块已经进入被动错误模式；0：CAN 模块没有进入被动错误模式

续表

位	名　称	说　明
8	WLIF0/1	警告级别中断标志位。1：至少有一个错误计数器达到警告级别；0：没有错误计数器达到警告级别
7～5	Reserved	保留位。读为不确定值,写无效。
4～0	MIV0.4～0.0/ MIV1.4～1.0	邮箱中断向量。在 SCC 模式下,只有 3～0 可用。这个值指出了置位全局邮箱中断标志的邮箱号。它会保存该值,直到相应的位被清 0 或发生了一个更高优先级的邮箱中断。邮箱 31 具有最高优先级。在 SCC 模式,邮箱 15 具有最高优先级,而邮箱 16～31 无效 如果在 TA/RMP 寄存器中的标志没有置位并且 GMIF1 或 GMIF0 也清 0,则该值为不确定值

10）全局中断屏蔽寄存器 CANGIM

全局中断屏蔽寄存器 CANGIM 的位说明见表 8-11。

表 8-11　全局中断屏蔽寄存器 CANGIM

位	名　称	说　明
31～18	Reserved	读操作为不确定值,写操作无效
17	MTOM	邮箱超时中断屏蔽位。1：使能；0：禁止
16	TCOM	定时邮递计数器溢出屏蔽位。1：使能；0：禁止
15	Reserved	保留位。读操作为不确定值,写操作无效
14	AAIM	失败响应中断屏蔽位。1：使能；0：禁止
13	WDIM	写拒绝中断屏蔽位。1：使能；0：禁止
12	WUIM	唤醒中断屏蔽位。1：使能；0：禁止
11	RMLIM	接收消息丢失中断屏蔽位。1：使能；0：禁止
10	BOIM	总线禁止中断屏蔽位。1：使能；0：禁止
9	EPIM	被动错误中断屏蔽位。1：使能；0：禁止
8	WLIM	警告标志中断屏蔽位。1：使能；0：禁止
7～3	Reserved	保留位。读操作为不确定值,写操作无效
2	GIL	中断 TCOF、WDIF、WUIF、BOIF、EPIF、RMLIF、AAIF 和 WLIF 的全局中断级别。1：所有的全局中断都映射到 ECAN1INT 中断线上；0：所有全局中断都映射到 ECAN0INT 中断线上
1	I1EN	中断 1 使能。1：如果相应的中断屏蔽位置位,ECAN1INT 中断线上的所有中断被使能；0：ECAN1INT 中断线所有中断被禁止
0	I0EN	中断 0 使能。1：如果相应的中断屏蔽位置位,ECAN0INT 中断线上的所有中断被使能；0：ECAN0INT 中断线所有中断被禁止

11）邮箱中断屏蔽寄存器 CANMIM

邮箱中断屏蔽寄存器 CANMIM 位说明见表 8-12。

表 8-12　邮箱中断屏蔽寄存器 CANMIM

位	名　称	功能描述
31～0	MIM[31:0]	邮箱中断屏蔽设置。这些位允许单独屏蔽或使能每个邮箱中断。上电后所有的中断屏蔽位被清零,禁止中断 0:邮箱中断被屏蔽 1:邮箱中断被使能。此时,当发送邮箱成功地发送消息或接收邮箱正确地接收到消息后,会产生一个中断

12) I/O 控制寄存器 CANTIOC 和 CANRIOC

使用寄存器 CANTIOC 和 CANRIOC 可以把 CANTX 引脚和 CANRX 引脚设置为 CAN 使用,CANTIOC 和 CANRIOC 寄存器的位说明分别见表 8-13 和表 8-14。

表 8-13　TX I/O 控制寄存器 CANTIOC

位	名　称	说　明
31～4	Reserved	保留位。读为不确定值,写无效
3	TXFUNC	对于 CAN 模块这一位必须进行设置。1:CANTX 引脚用于 CAN 发送操作;0:保留
2～0	Reserved	保留

表 8-14　RX I/O 控制寄存器 CANRIOC

位	名　称	说　明
31～4	Reserved	保留位。读为不确定值,写无效
3	RXFUNC	对于 CAN 模块这一位必须进行设置。1:CANRX 引脚用于 CAN 接收操作;0:保留
2～0	Reserved	保留

13) 邮箱寄存器

(1) 消息标识符寄存器 MSGID。消息标识符寄存器 MSGID 包含消息的 ID 和要设置邮箱的其他控制位,该寄存器的位说明见表 8-15。

表 8-15　消息标识寄存器 MSGID

位	名　称	说　明
31	IDE	标识符扩展位。IDE 位的特性根据 AMI(CANGAM[31])位的值而改变。 当 AMI=1 时:接收邮箱的 IDE 位可以不考虑,因为接收邮箱的 IDE 位会被所发送消息的 IDE 位覆盖;为了接收消息,必须满足过滤规定;要进行比较的位数是所发送消息的 IDE 位值的一个函数。 当 AMI=0 时:接收邮箱的 IDE 位决定着要进行比较的位数;未使用过滤时,为能够接收消息,MSGID 必须各位都匹配;要进行比较的位数是所发送消息的 IDE 位值的一个函数。 注意:IDE 位定义根据 AMI 位的值而改变。AMI=1:IDE=1,接收的消息有一个扩展标识符;IDE=0,接收的消息有一个标准标识符。AMI=0:IDE=1,要接收的消息必须有一个扩展标识符;IDE=0,要接收的消息必须有一个标准标识符

续表

位	名　称	说　明
30	AME	接收屏蔽使能位。AME 只用于接收邮箱。当该位被置位时,不能将邮箱设置为自动应答邮箱(AAM[n]=1,MD[n]=0),否则邮箱的操作将不确定。该位不能被接收消息所修改。1:使能相应地接收屏蔽;0:不使用接收屏蔽,为了接收消息,所有的标识符位必须匹配
29	AAM	自动应答模式位。AAM 只用于发送邮箱。对于接收邮箱,该位没有影响,邮箱总被设置为标准接收操作。该位不能被接收消息所修改。1:自动应答模式,如果接收到一个匹配的远程帧请求,CAN 模块通过发送邮箱中的内容来应答远程帧请求。0:正常发送模式,邮箱不应答远程请求,接收到的远程帧对消息邮箱没有影响
28～0	ID 28～0	消息标识符。1:标准标识符模式。如果 IDE 位(MSGID31)是 0,消息标识符存储在 ID28～18 中,此时 ID17～0 位无意义。0:扩展标识符模式。如果 IDE 位(MSGID31)是 1,消息标识符存储在 ID28～0 中

（2）消息控制寄存器 MSGCTRL。对于发送邮箱,消息控制寄存器确定了要发送的字节数、发送的优先级和远程帧操作等内容。该寄存器的位说明见表 8-16。

表 8-16　消息控制寄存器 MSGCTRL

位	名　称	说　明
31～13	Reserved	保留位,读为不确定值,写无效
12～8	TPL 4～0	发送优先级。这 5 位定义了该邮箱相对于其他 31 个邮箱的优先级。数值最大的优先级最高。当两个邮箱具有相同的优先级时,具有较大邮箱号的消息将被优先发送。TPL 只用于发送邮箱,而且在 SCC 模式(标准 CAN 模式)中不使用 TPL
7～5	Reserved	保留位,读为不确定值,写无效
4	RTR	远程发送请求位。1:对于接收邮箱,如果 TRS 标志被置位,则会发送一个远程帧并且用同一个邮箱接收相应的数据帧。一旦远程帧被发送出去,邮箱的 TRS 位就会被 CAN 模式清 0。对于发送邮箱,如果 TRS 标志被置位,则会发送一个远程帧,但是会用另一个邮箱接收相应的数据帧。0:没有远程帧请求
3～0	DLC 3～0	数据长度代码。这些位决定了进行发送或接收的数据字节数。有效值范围是 0～8,不允许从 9～15 中取值

注意:在 eCAN 模块的初始化部分,由于复位时 MSGCTRL 寄存器的值是不确定的,所以必须先将 MSGCTRL[n]寄存器的所有位初始化为 0,然后才能将不同的位域初始化为期望值。

（3）消息数据寄存器 CANMDL 和 CANMDH。每个邮箱都有 8 字节的空间来存储一个 CAN 消息。CANMDL 和 CANMDH 各 4 字节。具体数据在 CANMDL 和

CANMDH 中的存储顺序由 DBO(CANMC[10])来决定。包括以下两种情况。

① 当 DBO(CANMC[10])=1 时,数据存储与读取都从 CANMDL 寄存器的最低有效位开始,到 CANMDH 寄存器的最高有效位结束,如图 8-6 所示。

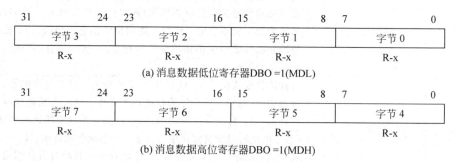

图 8-6　当 DBO =1 时,消息数据在 CANMDL 和 CANMDH 寄存器中的存储顺序

② 当 DBO(CANMC[10])=0 时,数据存储与读取都从 CANMDL 寄存器的最高有效位开始,到 CANMDH 寄存器的最低有效位结束,如图 8-7 所示。

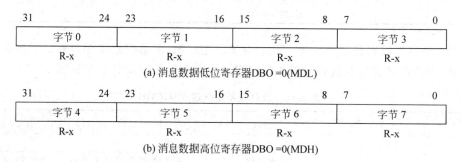

图 8-7　当 DBO=0 时,消息数据在 CANMDL 和 CANMDH 寄存器中的存储顺序

8.4　eCAN 模块的应用

8.4.1　CAN 网络接口

在使用 eCAN 模块之前,首先要进行硬件接线,图 8-8 所示的是典型的 CAN 总线网络及其物理关系。

为使各个 CAN 总线节点的电平符合高速 CAN 总线的电平特性,在各个节点和 CAN 总线之间需要配置电平转换器件。CAN 总线收发器可采用 TI 公司的 SN65HVD230 接口芯片,它将 eCAN 模块的发送信号 CANTX 和接收信号 CANRX 转换为差分的 CAN 总线信号 CANH 和 CANL,允许总线上挂接多达 120 个节点,总线上的终端节点两端并联 120Ω 的匹配电阻,以避免在总线上传输的信号产生反射。

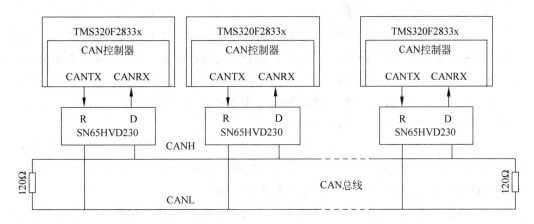

图 8-8　采用 TMS320F2833x 构成的 CAN 网络

8.4.2　寄存器的配置

1）波特率的配置

波特率是指每秒钟所传输的二进制位数。如果 CAN 模块用于正常配置（非自检测模式），则网络中至少要有两个 CAN 模块，且波特率设置要相同。CAN 模块的波特率计算公式为

$$波特率 = \frac{\text{SYSCLKOUT}}{(3 + \text{TSEG1}_{reg} + \text{TSEG2}_{reg})(1 + \text{BRP}_{reg})}$$

式中，TSEG1_{reg} 和 TSEG2_{reg} 表示写入到 CANBTC 寄存器中相应位域的数值，当 CAN 模块访问 TSEG1_{reg}、TSEG2_{reg}、SJW_{reg} 和 BRP_{reg} 时，这些参数的值会自动加 1。注意：$\text{TSEG1}_{reg} \geqslant \text{TSEG2}_{reg}$。

CAN 时钟频率为

$$\text{CANCLOCK} = \frac{\text{SYSCLKOUT}}{1 + \text{BRP}_{reg}}$$

可见，CAN 模块直接由 CPU 时钟得到。

2）邮箱初始化设置

邮箱初始化的步骤如图 8-9 所示。

eCAN 模块有两种工作模式：标准 CAN 模式（SCC）和 eCAN 模式。SCC 模式是 eCAN 模式的简化功能模式，该模式只有 16 个邮箱（邮箱号 0~15）可用，此时 CAN 模块的控制和状态寄存器可以采用 16 位寻址方式。

eCAN 模式时，eCAN 的控制和状态寄存器必须采用 32 位寻址方式。先将数据写入一个临时寄存器（Shadow Register）中，处理完数据后再将 32 位数据用 .all 的形式写入寄存器中。

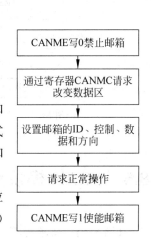

图 8-9　邮箱初始化步骤

3) 邮箱的发送或接收

(1) 邮箱的发送。首先,CPU 将要发送的数据存放在发送邮箱中,当相应的发送请求位(TRSn)被置位,且 CANME[n]置 1,数据就会发送出去。如果有多个发送邮箱的多个发送请求被置位时,CPU 首先把具有最高优先级的消息由消息控制器转移到 CPK。

在 SCC 模式下,发送邮箱的优先级取决于发送邮箱的号码,邮箱号大的拥有较高的优先级,因此,15 号邮箱拥有最高的优先级。

在增强的 eCAN 模式下,MSGCTRL 寄存器中的 TPL 决定了发送邮箱的优先级。在 TPL 中数值大的邮箱拥有较高的优先级。当两个邮箱的 TPL 位数值相同时,邮箱号大的邮箱首先发送数据,消息发送流程图如图 8-10 所示。

(2) 邮箱的接收。每个发送的数据都会有 11 位或者 29 位的标识符。CAN 模块接收消息时,首先将比较接收消息的标识符和接收邮箱的标识符,通常是按邮箱号从大到小的顺序寻找邮箱。如果标识符匹配,则标识符、控制位和数据字节就会被写入该邮箱对应的 RAM 存储区域中。同时,相应的接收消息挂起位(RMPn)被置位。如果使能中断,模块就会产生一个接收中断;如果消息的标识符和邮箱的标识符不符,则不存储该消息。在 SCC 模式下,邮箱 15 具有最高的接收优先级;在 eCAN 模式下,邮箱 31 具有最高的接收优先级。

在自检测模式(STM)下,不需要其他节点,也可以得到自己发送的信息。节点必须配置任一有效的波特率。不能将 CANTX 和 CANRX 引脚连接在一起直接连接外部数字回路。消息接收流程图如图 8-11 所示。

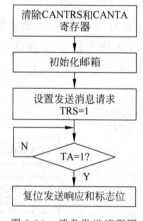

图 8-10　消息发送流程图

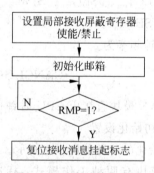

图 8-11　消息接收流程图

8.5　eCAN 模块应用实例

【例 8-1】　要求邮箱 1 设置为发送,通信波特率为 1MHz,帧格式采用扩展帧,循环发送字符 DSPCAN。

程序的整体思路如下。

(1) 初始化系统,为系统分配时钟,处理看门狗电路等。

(2) 初始化 eCAN 模块。

(3) 在主函数中实现信息的循环发送。

以 eCAN-A 模块为例实现发送要求,初始化程序如下。

```
void InitECana(void)                              //初始化 eCAN - A 模块
{
  struct ECAN_REGS ECanaShadow;
  EALLOW;                                         //EALLOW 允许访问受保护的位
  //配置 eCAN 的 RX 和 TX 分别为 eCAN 的接收和发送引脚
  ECanaShadow.CANTIOC.all = ECanaRegs.CANTIOC.all;
  ECanaShadow.CANTIOC.bit.TXFUNC = 1;             //配置 eCAN 的 TX 为发送端口
  ECanaRegs.CANTIOC.all = ECanaShadow.CANTIOC.all;  //把配置完成的寄存器值回写
  ECanaShadow.CANRIOC.all = ECanaRegs.CANRIOC.all;
  ECanaShadow.CANRIOC.bit.RXFUNC = 1;             //配置 eCAN 的 RX 为接收端口
  ECanaRegs.CANRIOC.all = ECanaShadow.CANRIOC.all;
  ECanaShadow.CANMC.all = ECanaRegs.CANMC.all;
  ECanaShadow.CANMC.bit.SCB = 1;                  //配置为 eCAN 模式
  ECanaRegs.CANMC.all = ECanaShadow.CANMC.all;
  //邮箱控制区域所有位初始化为 0
  ECanaMboxes.MBOX0.MSGCTRL.all = 0x00000000;
  ECanaMboxes.MBOX1.MSGCTRL.all = 0x00000000;
  ECanaMboxes.MBOX2.MSGCTRL.all = 0x00000000;
  ECanaMboxes.MBOX3.MSGCTRL.all = 0x00000000;
  ECanaMboxes.MBOX4.MSGCTRL.all = 0x00000000;
  ECanaMboxes.MBOX5.MSGCTRL.all = 0x00000000;
  ECanaMboxes.MBOX6.MSGCTRL.all = 0x00000000;
  ECanaMboxes.MBOX7.MSGCTRL.all = 0x00000000;
  ECanaMboxes.MBOX8.MSGCTRL.all = 0x00000000;
  ECanaMboxes.MBOX9.MSGCTRL.all = 0x00000000;
  ECanaMboxes.MBOX10.MSGCTRL.all = 0x00000000;
  ECanaMboxes.MBOX11.MSGCTRL.all = 0x00000000;
  ECanaMboxes.MBOX12.MSGCTRL.all = 0x00000000;
  ECanaMboxes.MBOX13.MSGCTRL.all = 0x00000000;
  ECanaMboxes.MBOX14.MSGCTRL.all = 0x00000000;
  ECanaMboxes.MBOX15.MSGCTRL.all = 0x00000000;
  ECanaMboxes.MBOX16.MSGCTRL.all = 0x00000000;
  ECanaMboxes.MBOX17.MSGCTRL.all = 0x00000000;
  ECanaMboxes.MBOX18.MSGCTRL.all = 0x00000000;
  ECanaMboxes.MBOX19.MSGCTRL.all = 0x00000000;
  ECanaMboxes.MBOX20.MSGCTRL.all = 0x00000000;
  ECanaMboxes.MBOX21.MSGCTRL.all = 0x00000000;
  ECanaMboxes.MBOX22.MSGCTRL.all = 0x00000000;
  ECanaMboxes.MBOX23.MSGCTRL.all = 0x00000000;
  ECanaMboxes.MBOX24.MSGCTRL.all = 0x00000000;
```

```
ECanaMboxes.MBOX25.MSGCTRL.all = 0x00000000;
ECanaMboxes.MBOX26.MSGCTRL.all = 0x00000000;
ECanaMboxes.MBOX27.MSGCTRL.all = 0x00000000;
ECanaMboxes.MBOX28.MSGCTRL.all = 0x00000000;
ECanaMboxes.MBOX29.MSGCTRL.all = 0x00000000;
ECanaMboxes.MBOX30.MSGCTRL.all = 0x00000000;
ECanaMboxes.MBOX31.MSGCTRL.all = 0x00000000;
ECanaRegs.CANTA.all = 0xFFFFFFFF;              /* 清除所有的发送标志 TA 位 */
ECanaRegs.CANRMP.all = 0xFFFFFFFF;             /* 清除所有的接收标志 RMP 位 */
ECanaRegs.CANGIF0.all = 0xFFFFFFFF;            /* 清除所有中断标志位 */
ECanaRegs.CANGIF1.all = 0xFFFFFFFF;            /* 清除所有中断标志位 */
//配置时钟参数
ECanaShadow.CANMC.all = ECanaRegs.CANMC.all;
ECanaShadow.CANMC.bit.CCR = 1 ;                //请求改变配置信息,即时钟参数的配置
ECanaRegs.CANMC.all = ECanaShadow.CANMC.all;
ECanaShadow.CANES.all = ECanaRegs.CANES.all;
do
{
    ECanaShadow.CANES.all = ECanaRegs.CANES.all;
} while(ECanaShadow.CANES.bit.CCE != 1);       //只有 CCE 置位以后,才能对 CANBTC 进行配置
//CAN 通信波特率为 1MHz
ECanaShadow.CANBTC.all = 0;
ECanaShadow.CANBTC.bit.BRPREG = 9;             //系统时钟 150MHz,CAN 时钟为 150/10
ECanaShadow.CANBTC.bit.TSEG2REG = 2;
ECanaShadow.CANBTC.bit.TSEG1REG = 10;
ECanaRegs.CANBTC.all = ECanaShadow.CANBTC.all;    //把配置完成的寄存器值回写
ECanaShadow.CANMC.all = ECanaRegs.CANMC.all;
ECanaShadow.CANMC.bit.CCR = 0 ;                //CPU 请求正常操作
ECanaRegs.CANMC.all = ECanaShadow.CANMC.all;
ECanaShadow.CANES.all = ECanaRegs.CANES.all;
do
{
    ECanaShadow.CANES.all = ECanaRegs.CANES.all;
} while(ECanaShadow.CANES.bit.CCE != 0);       //等待配置完成
ECanaRegs.CANME.all = 0;                       //在写 MSGID 之前要屏蔽所有邮箱
EDIS;
}
```

GPIO 引脚初始化程序如下。

```
void InitECanaGpio(void)
{
EALLOW;
GpioCtrlRegs.GPAPUD.bit.GPIO30 = 0;            //GPIO30(CANRXA)内部电阻上拉使能
GpioCtrlRegs.GPAPUD.bit.GPIO31 = 0;            //GPIO31(CANRXA)内部电阻上拉使能
GpioCtrlRegs.GPAMUX2.bit.GPIO30 = 1;           //配置 GPIO30 为 CAN - A 接收引脚
GpioCtrlRegs.GPAMUX2.bit.GPIO31 = 1;           //配置 GPIO31 为 CAN - A 发送引脚
```

```
    EDIS;
}
```

主函数如下。

```
# include "DSP28x Project.h"
Uint32 MessageSendCount;
void main(void)
{
    Uint16 j;
    unsigned char senddata[ ] = "DSPCAN";
    struct ECAN_REGS ECanaShadow;         //eCAN 控制寄存器需要使用 32 位的读/写访问,因此,创
                                          //建一组映射寄存器,这些映射寄存器将用于确保访问
                                          //是 32 位,而不是 16 位
    InitSysCtrl();                        //系统及外设时钟初始化
    InitECanGpio();                       //初始化 GPIO 引脚,配置为 CAN 接收引脚和发送引脚
    DINT;                                 //禁止 CPU 中断
    InitPieCtrl();                        //初始化 PIE 控制寄存器为默认值
    IER = 0x0000;                         //禁止 CPU 中断
    IFR = 0x0000;
    InitPieVectTable();                   //初始化 PIE 中断向量表
    MessageSendCount = 0;                 //记录发送消息次数
    InitECana();                          //初始化 eCAN-A 模式
    ECanaMboxes.MBOX1.MSGID.all = 0x80c80000;    //设置发送邮箱的 ID 号,扩展帧
    ECanaShadow.CANMD.all = ECanaRegs.CANMD.all;
    ECanaShadow.CANMD.bit.MD1 = 0;        //邮箱 1 为发送邮箱
    ECanaRegs.CANMD.all = ECanaShadow.CANMD.all;
    ECanaMboxes.MBOX1.MSGCTRL.bit.DLC = 8;       //数据长度为 8 字节
    ECanaShadow.CANME.all = ECanaRegs.CANME.all;
    ECanaShadow.CANME.bit.ME1 = 1;        //使能邮箱 1
    ECanaRegs.CANME.all = ECanaShadow.CANME.all;
    j = 0;
    //开始发送数据
    for(;;)
    { ECanaShadow.CANTRS.all = 0;
      ECanaMboxes.MBOX1.MDL.all = senddata[j];
      ECanaMboxes.MBOX1.MDH.all = senddata[j + 1];
      ECanaRegs.CANTRS.all = 0x00000002;  //置位发送邮箱的 TRS,消息发送
      while(ECanaRegs.CANTA.all != 0x00000002) {}   //等待邮箱发送完成
      ECanaRegs.CANTA.all = 0x00000002;   //清零发送成功标志位
      MessageSendCount++;
      j = j + 2;
      if(j > 4)
      j = 0;
    }
}
```

【例 8-2】　要求邮箱 3 设置为接收,通信波特率为 1MHz,帧格式采用扩展帧,采用中断方式接收数据。

程序的整体思路如下。

(1) 初始化系统,为系统分配时钟,处理看门狗电路等。

(2) 初始化 eCAN 模块。

(3) 编写中断服务子程序,从邮箱读取接收到的数据。

分析:eCAN-A 模块和 GPIO 模块初始化同例 8-1。主函数程序如下。

```c
# include "DSP28x_Project.h"
Uint32 MessageReceiveCount;
Uint32 RecL;
Uint32 RecH;
interrupt void ISRecan0(void);
void main(void)
{
    struct ECAN_REGS ECanaShadow;
    InitSysCtrl();                                      //系统及外设时钟初始化
    InitECanGpio();                                     //初始化 GPIO 引脚,设置为 CAN 接收引脚和发送引脚
    DINT;                                               //禁止 CPU 中断
    InitPieCtrl();                                      //初始化 PIE 控制寄存器为默认值
    IER = 0x0000;                                       //禁止 CPU 中断
    IFR = 0x0000;
    InitPieVectTable();                                 //初始化 PIE 中断向量表
    MessageReceiveCount = 0;                            //记录接收消息次数
    InitECana();                                        //初始化 eCAN－A 模式
    ECanaMboxes.MBOX3.MSGID.all = 0x80c10000;           //设置接收邮箱的 ID 号,扩展帧
    ECanaShadow.CANMD.all = ECanaRegs.CANMD.all;
    ECanaShadow.CANMD.bit.MD3 = 1;                      //设置邮箱 3 为接收邮箱
    ECanaRegs.CANMD.all = ECanaShadow.CANMD.all;
    ECanaMboxes.MBOX3.MSGCTRL.bit.DLC = 8;              //数据长度为 8 字节
    ECanaShadow.CANME.all = ECanaRegs.CANME.all;
    ECanaShadow.CANME.bit.ME3 = 1;                      //使能邮箱 3
    ECanaRegs.CANME.all = ECanaShadow.CANME.all;
    EALLOW;
    ECanaRegs.CANMIM.all = 0xFFFFFFFF;                  //使能全部邮箱中断
    ECanaRegs.CANMIL.all = 0;                           //邮箱中断将发生在 ECANOINT
    ECanaRegs.CANGIF0.all = 0xFFFFFFFF;
    ECanaRegs.CANGIM.bit.I0EN = 1;                      //ECANOINT 中断线被使能
    EDIS;
    EALLOW;
    PieVectTable.ECANOINTA = &ISRecan0;                 //设置中断服务程序入口地址
    EDIS;
    IER | = M_INT9;
    PieCtrlRegs.PIECTRL.bit.ENPIE = 1;
    PieCtrlRegs.PIEIER9.bit.INTx5 = 1;
    EINT;
    ERTM;
    //开始接收数据
```

```
    for(;;){}
}
interrupt void ISRecan0(void)
{
    while(ECanaRegs.CANRMP.all != 0x00000008);        //等待邮箱 3 置位
    ECanaRegs.CANRMP.all = 0x00000008;                //复位 RMP 标志,同时也复位中断标志
    RecL = ECanaMboxes.MBOX3.MDL.all;
    RecH = ECanaMboxes.MBOX3.MDH.all;
    MessageReceiveCount++;
    PieCtrlRegs.PIEACK.all = PIEACK_GROUP9;
}
```

【例 8-3】 要求分别采用自检测模式和正常增强模式进行数据的发送和接收。具体要求如下。

(1) 采用自检测模式,即在同一个 CAN 内部的邮箱间发送、接收消息。

(2) 采用增强模式,邮箱 0 和 1 用于发送消息,邮箱 16 和 17 用于接收消息,采用查询方式接收。其中,邮箱 0 和 1 发送的消息分别给邮箱 16 和 17。

(3) 数据长度是 8 字节。

(4) 波特率为 1Mbps。

(5) 校验接收到的数据。如果错误,则记录出错次数。

```
# include "DSP28x_Project.h"
void mailbox_check(int32 T1, int32 T2, int32 T3);
void mailbox_read(int16 i);
Uint32 ErrorCount;
Uint32 PassCount;
Uint32 MessageReceivedCount;
void main(void)
{
    Uint16 j;              //eCAN 模块控制器采用 32 位访问,因此用映射寄存器来实现 32 位访问
    struct ECAN_REGS ECanaShadow;  //eCAN 控制寄存器需要使用 32 位的读/写访问,因此,创建一
                                   //组映射寄存器,这些映射寄存器将用于确保访问是 32 位,
                                   //而不是 16 位
    InitSysCtrl();                        //系统及外设时钟初始化
    InitECanGpio();                       //初始化 GPIO 引脚,设置为 CAN 接收引脚和发送引脚
    DINT;                                 //禁止 CPU 中断
    InitPieCtrl();                        //初始化 PIE 控制寄存器为默认值
    IER = 0x0000;                         //禁止 CPU 中断
    IFR = 0x0000;
    InitPieVectTable();                   //初始化 PIE 中断向量表
    MessageReceivedCount = 0;             //记录接收消息次数
    ErrorCount = 0;                       //记录通信错误次数
    PassCount = 0;                        //正确计数
    InitECana();                          //初始化 eCAN-A 模式
    //对 32 位寄存器操作时无须映射寄存器
    //写发送邮箱 0 和 1 的标识号
    ECanaMboxes.MBOX0.MSGID.all = 0x9111AAA0;
    ECanaMboxes.MBOX1.MSGID.all = 0x9111AAA1;
```

```
                          //写接收邮箱 16 和 17 的标识号
    ECanaMboxes.MBOX16.MSGID.all = 0x9111AAA0;
    ECanaMboxes.MBOX17.MSGID.all = 0x9111AAA1;
    ECanaShadow.CANMD.all = ECanaRegs.CANMD.all;
    ECanaShadow.CANMD.bit.MD0 = 0;          //邮箱 0 为发送邮箱
    ECanaShadow.CANMD.bit.MD1 = 0;          //邮箱 1 为发送邮箱
    ECanaShadow.CANMD.bit.MD16 = 1;         //邮箱 16 为接收邮箱
    ECanaShadow.CANMD.bit.MD17 = 1;         //邮箱 17 为接收邮箱
    ECanaRegs.CANMD.all = ECanaShadow.CANMD.all;
    ECanaShadow.CANME.all = ECanaRegs.CANME.all;
    ECanaShadow.CANME.bit.ME0 = 1;          //使能邮箱 0
    ECanaShadow.CANME.bit.ME1 = 1;          //使能邮箱 1
    ECanaShadow.CANME.bit.ME16 = 1;         //使能邮箱 16
    ECanaShadow.CANME.bit.ME17 = 1;         //使能邮箱 17
    ECanaRegs.CANME.all = ECanaShadow.CANME.all;
    //指定发送和接收邮箱的数据长度为 8 字节
    ECanaMboxes.MBOX0.MSGCTRL.bit.DLC = 8;
    ECanaMboxes.MBOX1.MSGCTRL.bit.DLC = 8;
    ECanaMboxes.MBOX16.MSGCTRL.bit.DLC = 8;
    ECanaMboxes.MBOX17.MSGCTRL.bit.DLC = 8;
    //往邮箱 0 和 1 的 RAM 中写 8 字节的发送数据
    ECanaMboxes.MBOX0.MDL.all = 0x9111AAA0;
    ECanaMboxes.MBOX0.MDH.all = 0x01234567;
    ECanaMboxes.MBOX1.MDL.all = 0x9111AAA1;
    ECanaMboxes.MBOX1.MDH.all = 0x01234567;
    EALLOW;
    ECanaShadow.CANMC.all = ECanaRegs.CANMC.all;
    ECanaShadow.CANMC.bit.STM = 1;          //设置 CAN 为自检测模式
    ECanaRegs.CANMC.all = ECanaShadow.CANMC.all;        //把设置完成的寄存器值回写
    EDIS;
    //开始发送数据
    for(;;)
    {
        ECanaRegs.CANTRS.all = 0x00000003;                //置位所有发送邮箱的 TRS,消息发送
        while(ECanaRegs.CANTA.all != 0x00000003) {}       //等待所有的 TA[n] 置位
        ECanaRegs.CANTA.all = 0x00000003;                 //清零所有的 TA[n]
        MessageReceivedCount++;
        //读取接收邮箱数据,并校验数据的正确性
        for(j = 16; j < 18; j++)
        {
            mailbox_read(j);                              //读取指定邮箱中的数据
            mailbox_check(TestMbox1,TestMbox2,TestMbox3); //校验接收的数据
        }
    }
}
void mailbox_read(int16 MBXnbr)
{
    volatile struct MBOX * Mailbox;
    Mailbox = &ECanaMboxes.MBOX0 + MBXnbr;
    TestMbox1 = Mailbox -> MDL.all;                        //读取当前邮箱的低 4 字节
```

```
    TestMbox2 = Mailbox - > MDH.all;          // = 0x01234567;(常数),读取当前邮箱的高 4 字节
    TestMbox3 = Mailbox - > MSGID.all;               //读取当前邮箱 ID
}

void mailbox_check(int32 T1,int32 T2,int32 T3)
{
  if((T1 != T3) || (T2 != 0x01234567))
  {
    ErrorCount++;
  }
  else
  {
    PassCount++;
  }
}
```

习题及思考题

(1) eCAN 模块是如何实现多点通信的?

(2) 简述 eCAN 模块的初始化流程。

(3) 如何设置 eCAN 模块的通信波特率?

(4) 如何设置 eCAN 模块的数据收发邮箱?

## 第 9 章

无刷直流电动机控制

电动机作为机、电能量转换的装置,已经被广泛应用在工业、军事、家用电器、民用控制系统等各个领域。

在电动机发展过程中,直流电动机因其电压、电流关系简单、运转效率高、调速特性好等优点而获得了广泛应用,但直流电动机存在电刷和换向器的机械磨损、高频噪声、电火花以及寿命短、修护难等致命问题,所以限制了其应用范围。

无刷直流电动机用电子换向取代了机械换向,既具备交流电动机结构简单、运行可靠、维护方便等优点,又具备直流电动机运行效率高、调速性能好等优点,其应用范围日益广泛,已从最初的航空、国防等应用领域扩展到工业和民用领域。目前小功率的无刷直流电动机广泛应用于计算机外围设备、空调、电冰箱、洗衣机、机器人关节驱动、自动生产线以及近年来飞速发展的电动自行车领域。

无刷直流电动机(BLDCM)驱动系统所采用的控制芯片种类繁多,早期大多数的无刷直流电动机控制系统均采用单片机进行控制,随着市场对其控制性能等方面的要求越来越高,单片机难以实现良好的控制效果。2012 年,TI 公司推出了面向运动控制的 C2000 系列 DSP 控制器,可有效实现电动机的控制。TMS320F2833x 增加了浮点运算内核,它的处理速度更高、更专业。本章重点介绍以 TMS320F28335 为控制核心的无刷直流电动机控制方案。

9.1 无刷直流电动机系统的基本结构

无刷直流电动机的转子是由永磁性材料做成的,电枢绕组是固定不动的。它是一个由电动机本体、电子开关电路、位置传感器以及控制器组成的机械和电子相结合的系统。电动机是主要的工作部分,位置传感器采集无刷直流电动机转子的具体位置,控制器根据位置信息控制电子开关电路的正确接通和断开,以实现电动机绕组中电流的正确换向,从而使无刷直流电动机持续运转。无刷直流电动机用电子换相取代了传统直流电动机的机械换相。无刷直流电动机控制系统的基本结构如图 9-1 所示。

9.1.1 无刷直流电动机本体

无刷直流电动机的本体由定子和转子组成。图 9-2 为无刷直流电动机的本体截面的分布图。

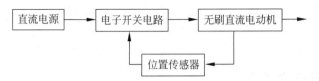

图 9-1　无刷直流电动机系统的基本结构

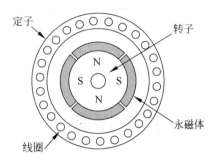

图 9-2　无刷直流电动机本体横截面图

（1）定子：定子是电动机运行中保持静止不动的部分。定子上的绕组通常制成多相，以三相居多。

（2）转子：电动机运行中需要转动的部分称为转子。转子由稀土永磁材料制成。

9.1.2　位置传感器

位置传感器可以实时地获取转子磁极的位置，然后将此位置信息传送给控制器，以便及时控制电子开关电路的正确切换，实现电动机的正常运行。目前，一般用性价比较高的霍尔元件来制作位置传感器。霍尔元件因其结构、原理简单，容易操作而得到广泛应用。霍尔元件是磁敏式位置传感器，它会根据磁场变化而输出高低电平，霍尔元件通常敷贴在定子上，与转子的永久性磁体隔着一个气隙，转子旋转，霍尔元件感受到磁场变化，会输出相应的高低电平。无刷直流电动机通常采用 3 个霍尔元件，3 个霍尔元件彼此相差 120°电角度，永久性磁体的 N 极和 S 极在空间各占 180°电角度。这样，转子每转过 60°电角度，就会有一个霍尔元件的状态发生改变。霍尔元件的开关特性如图 9-3 所示。

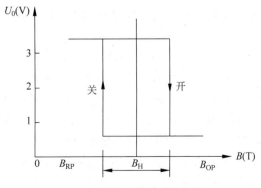

图 9-3　霍尔元件的开关特性

由图 9-3 可见,当正确的磁极到来时,霍尔元件输出低电平;磁极离开时,霍尔元件则输出高电平。

9.1.3　电子开关电路

控制器根据位置传感器得到的信号,对电子开关电路中的功率管以一定的顺序进行导通与关断控制,实现定子绕组的正确通电换相,保证了电动机的运转。

通常,电子开关电路和定子绕组的结合方式有两种,即三相星型六状态和三相星型三状态。定子绕组是三相星型连接,电子开关电路则主要由 6 只功率管组成。

9.2　无刷直流电动机的基本原理

无刷直流电动机控制系统主要是由电动机本体、逆变电路和位置传感器等构成的控制系统。无刷直流电动机控制系统的结构框图如图 9-4 所示。

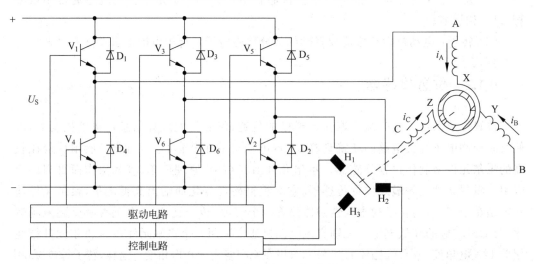

图 9-4　无刷直流电动机控制系统的结构框图

其中,控制电路和驱动电路采用光电隔离器件进行隔离。防止电磁干扰和三相控制电路串扰。

下面以二二导通三相六状态星型连接的无刷直流电动机为例来介绍无刷直流电动机的工作原理。图 9-4 中,A、B、C 分别表示三相定子绕组的首端,X、Y、Z 分别表示三相定子绕组的末端,3 个霍尔元件均为 SSS 型。具体的工作原理如图 9-5 所示。

图 9-5 所示的是 1 对极的无刷直流电动机,霍尔元件作为位置传感器来检测电动机转子的精确位置,3 个霍尔元件两两之间间隔 120°电角度。

在图 9-5(a)中,电流由电动机定子绕组 A 相首端进入,B 相首端流出(A 进 B 出),对应图 9-4 中功率管 V_1 和 V_6 导通,根据左手定则可以判断出转子相对于定子顺时针方向

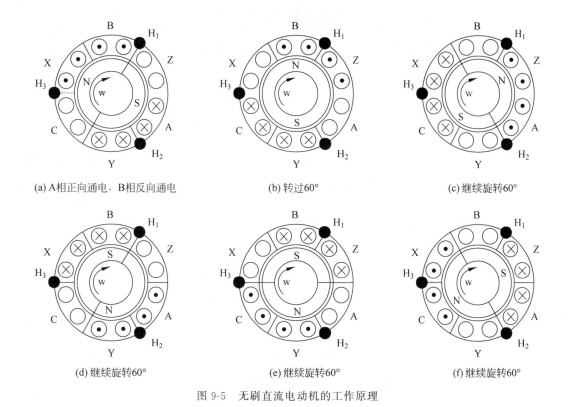

(a) A相正向通电，B相反向通电　　　　　(b) 转过60°　　　　　　　(c) 继续旋转60°

(d) 继续旋转60°　　　　　　　(e) 继续旋转60°　　　　　　　(f) 继续旋转60°

图 9-5　无刷直流电动机的工作原理

旋转，S 型霍尔元件 H_1 进入 N 极下，其输出为高电平，H_2 仍然处于 S 极下，输出为低电平，H_3 还没有进入 S 极，输出仍为高电平。当电动机转过 60°电角度，为了保证电动机的转子继续顺时针旋转，需要切换定子绕组的通电状态，此时，电流切换为由 C 相首端流入，B 相首端流出（C 进 B 出），对应图 9-4 中功率管 V_5 和 V_6 导通，此时，霍尔元件 H_1 输出高电平，H_2 还没有出 S 极，输出低电平，H_3 位于 S 极下，输出低电平。电动机再转过 60°电角度，如图 9-5(c)所示，定子绕组的通电状态切换为电流 C 相进 A 相出，对应功率管 V_5 和 V_4 导通，此时，H_1 输出高电平，H_2 输出高电平，H_3 输出低电平。电动机继续顺时针转过 60°电角度，变为图 9-5(d)所示的状态，定子绕组电流切换为 B 相进 A 相出，对应功率管 V_3 和 V_4 导通，此时，H_1 输出低电平，H_2 输出高电平，H_3 输出低电平。电动机继续转过 60°电角度，变为图 9-5(e)所示的状态，定子绕组电流切换为 B 相进 C 相出，对应功率管 V_3 和 V_2 导通，H_1 输出低电平，H_2 输出高电平，H_3 输出高电平。电动机再转过 60°电角度，定子绕组电流切换为 A 相进 C 相出，对应功率管 V_1 和 V_2 导通，电动机转子继续顺时针旋转，H_1 输出低电平，H_2 输出低电平，H_3 输出高电平，进入图 9-5(a)的状态，周而复始，无限循环。定义高电平为 1，低电平为 0，则有 6 种状态。此即为二二导通三相六状态。表 9-1 所示为该导通状态下位置信号、功率管导通状态与定子绕组通电状态之间的关系。图 9-6 所示为二二导通三相六状态下霍尔位置信号图。

表 9-1 位置信号、绕组通电状态与逆变器导通状态对应表

H_1	H_2	H_3	导通管	三相通电状态
1	0	1	V_1V_6	A 进 B 出
1	0	0	V_5V_6	C 进 B 出
1	1	0	V_5V_4	C 进 A 出
0	1	0	V_3V_4	B 进 A 出
0	1	1	V_3V_2	B 进 C 出
0	0	1	V_1V_2	A 进 C 出

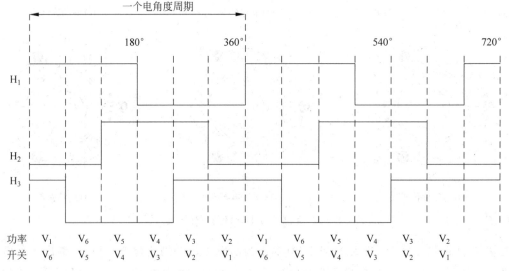

图 9-6 霍尔位置信号

为了得到恒定的电磁转矩,必须要对三相无刷直流电动机的定子通电绕组进行正确换向。图 9-6 给出了当电动机转子顺时针方向旋转时 3 个霍尔元件的信号图,图中一个换向周期中三绕组的通电顺序为 AB→CB→CA→BA→BC→AC→AB。每个绕组通电 120°。

9.3 控制方法

无刷电动机的速度控制可以是开环,也可以是闭环系统,在控制性能要求较高的场合通常采用闭环控制。常见的 PID 控制算法如图 9-7 所示。首先给出一个速度期望值,将电动机的实际转速值和给定值进行比较,得到偏差和偏差的变化信号,然后进行 PID 控制,最终使电动机的实际转速与给定值相符。

大多数情况下,电动机控制系统分为速度闭环控制系统和电流速度双闭环控制系统,电流速度双闭环系统比较复杂。虽然速度闭环系统有一定的缺陷,但在日常生活中采用速度闭环系统也能达到使用的效果。图 9-7 所示为 PID 闭环控制系统的结构框图。

由图 9-7 可见,偏差信号经过 3 个环节,分别为比例(P)、积分(I)、微分(D),得到控

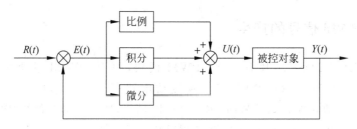

图 9-7　PID 闭环控制系统的控制框图

制信号 $U(t)$，并作为被控对象的输入、输出信号反馈给控制器，然后与给定信号进行比较得到偏差信号 $E(t)$。

PID 控制算法为

$$U(t) = K_p \left[E(t) + 1/\tau_i \int E(t)\mathrm{d}t + \tau_d \mathrm{d}E(t)/\mathrm{d}t \right] \qquad (9\text{-}1)$$

式中，K_p 为比例系数；τ_i 为积分时间常数；τ_d 为微分时间常数。

比例微分控制可以增加系统的阻尼，使阶跃响应的超调量下调，调节时间变小，积分控制则可以消除系统的静态误差。

9.4　无刷直流电动机调速系统

无刷直流电动机调速系统的硬件结构如图 9-8 所示，主要包括驱动电路、功率控制电路和检测电路。控制电路主要包括数字信号处理核心电路、外围电路、通信电路、CAN接口、JTAG 接口等电路。

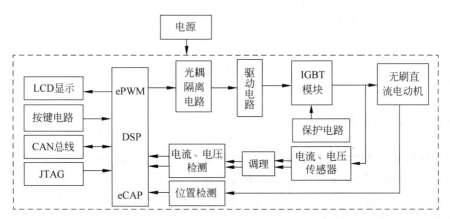

图 9-8　系统硬件结构图

图 9-8 所示电路的功能是将 TMS320F2833x DSP 芯片所产生的 6 路 PWM 波形，经过高速光电隔离电路后，送到驱动电路，从而产生驱动逆变器电路功率管导通的信号，以便切换电动机定子绕组的通电状态。用 F28335 的 ADC 模块采集电动机的电流和电压信号，用 F2833x 的 eCAP 模块结合位置传感器得到电动机转子的位置信号。

9.4.1　PWM 信号的产生

TMS320F2833x DSP 芯片有 6 个 ePWM 模块,每个 ePWM 模块可以产生两路 PWM 信号,即 ePWMxA 和 ePWMxB。逆变桥电路有 6 个功率管,所以只需要用到 3 个 ePWM 模块,即 ePWM1、ePWM2 和 ePWM3 模块,所产生的 6 路的 PWM 信号分别 是 ePWM1A 和 ePWM1B、ePWM2A 和 ePWM2B 以及 ePWM3A 和 ePWM3B。这 6 路 PWM 信号经过高速光耦器件 6N137 芯片后输出给三相全桥驱动芯片 IR2136,分别对应 图 9-9 中的 GPWM1~GPWM6。由驱动芯片的输出信号驱动 MOSFET 或 IGBT 功率 管的控制端,从而控制功率管的通断,实现电动机的运转。

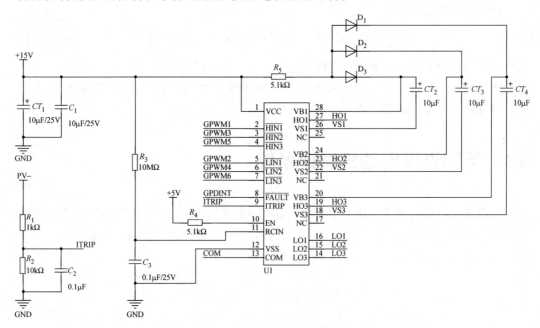

图 9-9　IR2136 的电路原理图

9.4.2　驱动芯片

常用的增强型 MOSFET 或 IGBT 功率管是一种电压驱动式器件,有很小电压就可 以导通,是电动机控制系统硬件电路中不可或缺的一部分。MOSFET 或 IGBT 的可靠 导通需要驱动电路,图 9-9 所示的是三相全桥专用驱动芯片 IR2136 的电路原理图。

IR2136 芯片的主要特点如下。

(1) 600V 集成电路能兼容 CMOS 输出或 LSTTL 输出。

(2) 门极驱动电源 10~20V。

(3) 所有通道的电压锁定。

(4) 内置过电流比较器。

(5) 隔离的高/低压端输入。

（6）故障逻辑锁定。

（7）可编程故障清除延迟。

（8）软开通驱动器。

在图 9-9 中，二极管 D_1、D_2 和 D_3 分别与电容 CT_4、CT_3 和 CT_2 组成自举电路（升压电路），其中的二极管是防止电流倒灌，电容是存储电压。自举电路的目的是通过提高驱动电压使芯片能更可靠地驱动高压侧的功率器件。GPWM1～GPWM6 输入信号分别对应 F28335 ePWM 模块输出的 6 路 PWM 信号，经过 IR2136 后对应的输出信号分别是 H01、L01、H02、L02、H03、L03，该输出信号分别输出到图 9-4 所示的逆变桥的功率管 V_1、V_4、V_3、V_6、V_5 和 V_2 的控制极。其中，V_1 与 V_4 控制 A 相绕组导通与否；V_3 与 V_6 控制 B 相绕组导通与否；V_5 与 V_2 控制 C 相绕组导通与否。

IR2136 的输入/输出时序图如图 9-10 所示。其中，HIN1、HIN2 和 HIN3 为上桥臂的 3 个输入端，LIN1、LIN2 和 LIN3 为下桥臂的 3 个输入端；HO1、HO2、HO3 和 LO1、LO2、LO3 分别为上桥臂和下桥臂的 3 个输出端。HIN1、HIN2、HIN3 和 LIN1、LIN2、LIN3 都为反向输出。FAULT 表示故障输出，低电平有效。

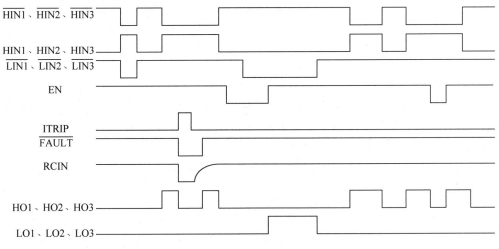

图 9-10　IR2136 的输入/输出时序图

9.4.3　逆变器

逆变器主要是将直流母线电压逆变成控制电动机所用的电压来驱动电动机，三相星型全桥驱动电路如图 9-4 所示。无刷直流电动机的逆变器主要由功率管组成，用来控制电动机定子绕组各相的通电顺序和时间，各相绕组的导通顺序和时间主要取决于位置传感器的信号，DSP 根据位置传感器的信号，产生 PWM 信号，经过光电耦合电路输出给逆变器的驱动电路，由驱动电路的输出控制上下桥臂功率管的导通和关断，根据上下桥臂功率管的导通顺序不同以及导通时间长短不同，可以实现电动机的运行和调速。在中小功率的电动机控制系统中，逆变器的功率管多用 MOSFET 或 IGBT 构成。

9.4.4　检测电路

1. 电流、电压检测电路

实际应用中，要对定子电流和母线电压进行检测，电流检测通常采用两种方法。

(1) 采用电流霍尔传感器，如 LEM 模块。

(2) 在主电路中串入采样电阻。

本系统中电流较小，选用串入采样电阻方法，该电阻位于三相全控功率变换电路的下端功率桥臂和电源地之间。采样电阻两端的电压经过有源滤波、放大然后经过隔离送入模数转换模块 ADC。这里选用线性隔离放大器 HCNR200，具有很好的线性度，信号带宽达到 1MHz。电路原理图如图 9-11 所示。

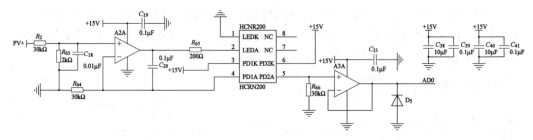

图 9-11　HCNR200 电路原理图

直流母线电压采用分压电路，经过电压分压和初级运放进行信号放大与去除噪声，再输入线性隔离放大器 HCNR200，实现信号隔离，最后经过末级运放后输入到 DSP 的 ADC 模块，就可以实现电压检测。

在每一个 PWM 周期对电流进行一次采样，这里将 PWM 周期设为 $50\mu s$，即电流的采样频率为 20kHz。

2. 速度检测

通常用霍尔元件作为位置传感器来检测无刷直流电动机的转子位置。传感器输出的 3 路高速脉冲信号 H_1、H_2 和 H_3 经过滤波后送入 DSP 的 eCAP 模块，根据 CAP 捕获寄存器捕捉到的每个上升沿或下降沿的变化确定转子的位置。对于 2 对极无刷直流电动机，电动机每转过一转(360°机械角度)，每相输出 2 个周期的方波信号，共包含了 4 个跳变沿，这样电动机每转一转，通过 3 个捕获引脚可以捕获 12 个换向信号的跳变，即转子转一转进入了 12 次 CAP 中断。通过读取 CPU 定时器 0 的周期中断次数，可得到电动机转一转的所用的时间 ΔT。因此，电动机的转速可由式(9-2)计算得到。

$$n = \frac{60}{\Delta T} \tag{9-2}$$

式中，ΔT 的单位为 s；转速 n 的单位为 r/min。

由于传感器的输出信号常会带有干扰信号，所以在送入 DSP 的捕获单元时要进行滤波处理，这里选用施密特触发反相器 74LS14，传感器的输出信号经过两次反向后送入 DSP 的捕获单元，如图 9-12 所示。

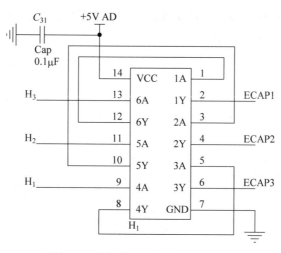

图 9-12 霍尔传感器的信号处理电路

9.5 软件结构设计

软件是实现整个控制系统功能的核心组成部分,F28335 控制器的主要功能是将接收到的电动机的位置信号、电流信号和电压信号等进行处理和计算,最终产生正确的 PWM 信号,通过硬件电路驱动三相逆变桥电路的功率管,实现系统的控制功能。一个完整的 DSP 控制程序包括主程序和中断服务程序。图 9-13～图 9-15 分别是主程序、eCAP

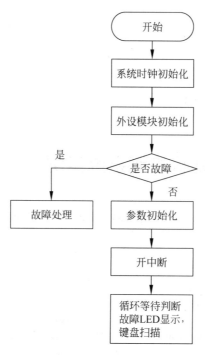

图 9-13 主程序

中断服务程序和 ADC 中断服务程序流程图。通常主程序主要用来实现 DSP 外设的初始
化和参数初始化、开中断和循环等待。

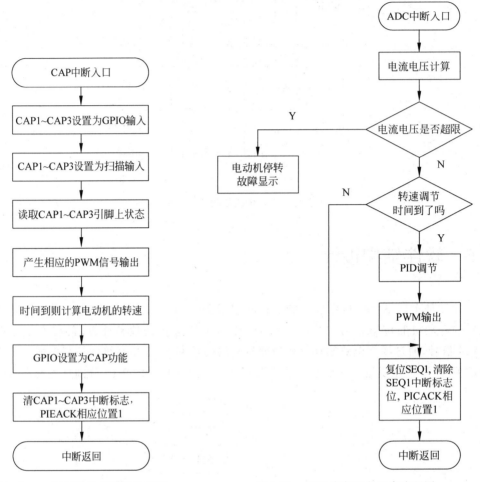

图 9-14   eCAP 模块中断服务程序   图 9-15   ADC 中断服务程序流程图

9.6   无刷直流电动机控制系统实例

【例 9-1】   采用图 9-4 所示逆变桥电路，用 F28335 作为控制核心实现无刷直流电动
机的速度开环控制。

控制程序如下。

```
# include "DSP2833x_Device.h"
# include "DSP2833x_Examples.h"
Uint32 t1 = 0,t2 = 0,t3 = 0,t4 = 0,T1 = 0,T2 = 0,t5,t6,t7,t8,T3,T4;
# define LED1 GpioDataRegs.GPADAT.bit.GPIO27    //程序运行显示
# define LED2 GpioDataRegs.GPBDAT.bit.GPIO53    //过压显示
```

```
# define LED3 GpioDataRegs.GPBDAT.bit.GPIO52      //过流显示
# define CPU_CLK 150e6
# define PWM_CLK 20e3
# define SP CPU_CLK/(2 * PWM_CLK)
# define TBCTLVAL 0x200E
interrupt void ISRCap(void);                      //eCAP 模块的中断服务程序
interrupt void ISRTimer0(void);                   //CUP 定时器 0 的中断服务程序
interrupt void adc_isr(void);                     //ADC 模块的中断服务程序
void EPwmSetup();                                  //ePWM 模块初始化
void startmotor(void);                            //电动机启动
void stopmotor(void);                             //电动机停止
Uint16 capstastus;                                //电动机状态
unsigned int dccurent;                            //直流母线电流
Uint32 Sumdcc = 0;
unsigned int dcccount = 0, Averagedcc = 0;        //母线电流平均值初始化
unsigned int dcvoltage;                           //直流母线电压
Uint32 Sumdcv = 0, count = 0, count1 = 0;
Uint32 SumTime = 0, Time = 0;
unsigned int pwm = SP/10;                         //PWM 的占空比初值
float kp = 0.1, ki = 0.001, kd = 0.0;             //PID 参数
int Speedset = 800;                               //给定转速
int speedadd;
int ek = 0, ek1 = 0, ek2 = 0;                     //初始偏差
int du;
float duk, SUM = - 2300;
unsigned int Speed = 0;
unsigned int speed[1000];                         //电动机速度数组
unsigned int l = 0, nn = 0;
unsigned int dcvcount = 0, Averagedcv = 0;        //母线电压平均值初始化
unsigned int yy = 0;
Uint16 flag = 0;
Uint16 send_flag = 0;
# define ADC_MODCLK 0x3           //HSPCLK = SYSCLKOUT/2 * ADC_MODCLK2 = 150/(2 * 3)
# define ADC_CKPS 0x0             //ADC module clock = HSPCLK/1 = 25MHz
# define ADC_SHCLK 0x1            //ADC 模块采样窗口 = 2 ADC cycle
# define AVG 1000                 //电压上限
# define ZOFFSET 0x00
void main(void)
{
  InitSysCtrl();
  EALLOW;
  SysCtrlRegs.HISPCP.all = ADC_MODCLK;       //HSPCLK = SYSCLKOUT/(2 * 3) = 25MHz
  EDIS;
  InitEPwmGpio();                            //GPIO0～GPIO5 初始化,见第 5 章例 5-1
  DINT;
  InitPieCtrl();
  IER = 0x0000;
  IFR = 0x0000;
  InitPieVectTable();
```

```
        EALLOW;
        PieVectTable. ECAP1_INT = &ISRCap;        //见第 6 章例 6-2
        PieVectTable. ECAP2_INT = &ISRCap;
        PieVectTable. ECAP3_INT = &ISRCap;
        PieVectTable. TINT0 = &ISRTimer0;          //把中断服务程序 ISRTimer0 的入口地址赋给 TINT0
        PieVectTable. ADCINT = &adc_isr;
        EDIS;
        InitCpuTimers();                           //初始化 Cpu 定时器
        ConfigCpuTimer(&CpuTimer0, 150, 10);       //定时周期 10μs
        CpuTimer0Regs. TCR. bit. TSS = 0;          //启动定时器 0
        InitCap1();                                //GPIO24～GPIO26 引脚的初始化,见第 6 章例 6-2
        EPwmSetup();                               //ePWM 模块的设置
        InitAdc();                                 //ADC 模块初始化,见第 7 章例 7-5
        IER | = M_INT4;                            //使能 CPU 的第 4 组中断
        IER | = M_INT1;                            //使能 CPU 的第 1 组中断
        PieCtrlRegs.PIEIER4.bit.INTx1 = 1;         //使能 PIE 的第 4 组的 eCAP1 中断
        PieCtrlRegs.PIEIER4.bit.INTx2 = 1;         //使能 PIE 的第 4 组的 eCAP2 中断
        PieCtrlRegs.PIEIER4.bit.INTx3 = 1;         //使能 PIE 的第 4 组的 eCAP3 中断
        PieCtrlRegs.PIEIER1.bit.INTx6 = 1;         //使能 PIE 的第 1 组的 ADC 中断
        PieCtrlRegs.PIEIER1.bit.INTx7 = 1;         //使能 PIE 的第 1 组的 CPU Timer0 中断
        EINT;                                      //开总中断
        ERTM;                                      //允许实时中断
        startmotor();
        LED1 = 0;                                  //关状态指示灯
        LED2 = 0;
        LED3 = 0;
        while(1)
        {
            if(send_flag == 1)
            {
                send_flag = 0;
                LED1 = ～LED1;
                DELAY_US(50000);                   //延时 50ms
            }
        }
    }
```

ePWM 模块初始化程序如下。

```
void EPwmSetup()
{
    InitEPwm1Gpio();                               //初始化 ePWM1～ePWM3 GPIO,详见第 5 章例 5-4
    InitEPwm2Gpio();
    InitEPwm3Gpio();
    EPwm1Regs. TBPHS. half. TBPHS = 0;             //PWM 模块 1 清零相位寄存器
    EPwm2Regs. TBPHS. half. TBPHS = 0;
    EPwm3Regs. TBPHS. half. TBPHS = 0;
    EPwm1Regs. TBCTR = 0;                          //PWM 模块 1 时基计数器清零
    EPwm2Regs. TBCTR = 0;
    EPwm3Regs. TBCTR = 0;
```

```
    EPwm1Regs.CMPCTL.all = 0x50;                //PWM 模块 1 的 CMPA and CMPB 配置为立即模式
    EPwm2Regs.CMPCTL.all = 0x50;
    EPwm3Regs.CMPCTL.all = 0x50;
    EPwm1Regs.DBCTL.all = 0x0;                  //ePWM1B 和 ePWM1A 不经过死区模块
    EPwm2Regs.DBCTL.all = 0x0;
    EPwm3Regs.DBCTL.all = 0x0;
    EPwm1Regs.ETSEL.bit.SOCAEN = 1;             //使能 ePWMxSOCA 信号产生
    EPwm1Regs.ETSEL.bit.SOCASEL = 4;            //向上计数,当 TBCTR = CMPA 时
                                                //产生 ePWMxSOCA 信号
    EPwm1Regs.ETPS.bit.SOCAPRD = 1;             //在第 1 个事件时产生 ePWMxSOCA 信号
    EPwm1Regs.TBCTL.all = 0x0012;               //ePWM1 递增递减模式
    EPwm2Regs.TBCTL.all = 0x0006;               //ePWM2 递增递减模式,使能装载相位寄存器的值
    EPwm3Regs.TBCTL.all = 0x0006;               //ePWM3 递增递减模式,使能装载相位寄存器的值
    EPwm1Regs.TBPRD = SP;                       //ePWM1 周期 = 2 × SP × TBCLK 周期
    EPwm2Regs.TBPRD = SP;                       //ePWM2 周期 = 2 × SP × TBCLK 周期
    EPwm3Regs.TBPRD = SP;                       //ePWM3 周期 = 2 × SP × TBCLK 周期
}
```

CPU 定时器 T0 中断服务程序如下。

```
interrupt void ISRTimer0(void)
{
    count++;
    count1++;
    if(count1 == 100000)
    {
        count1 = 0;
        send_flag = 1;                          //定时时间到则标志位置 1
    }
    PieCtrlRegs.PIEACK.all = PIEACK_GROUP1;     //允许 PIE 第 1 组中断申请
    CpuTimer0Regs.TCR.bit.TIF = 1;              //清除定时器 0 的中断标志位
    CpuTimer0Regs.TCR.bit.TRB = 1;              //重载定时器的周期值
}
```

ADC 模块中断服务程序如下。

```
interrupt void adc_isr(void)
{
//省略部分同第 7 章例 7-5 的 AD 中断服务程序的 A0(电压)和 A1(电流)的数据采集
    if((Averagedcv >= 3000)|(Averagedcc >= 3000))      //过压或过流
    {
        stopmotor();                            //电动机停止运行
        if(Averagedcv >= 3000)
        LED2 = 1;                               //过压显示
        if(Averagedcc >= 3000)
        LED3 = 1;                               //过流显示
    }
    else
    {
        LED2 = 0;
```

```
        LED3 = 0;
        t2++;
        if(t2 == 5000)
        {
            pidcontrol(Speedset,Speed);              //250ms PID 控制算法
            t2 = 0;
        }
    }
    AdcRegs.ADCTRL2.bit.RST_SEQ1 = 1;                //复位 SEQ1
    AdcRegs.ADCST.bit.INT_SEQ1_CLR = 1;              //清除 SEQ1 的中断标志位
    PieCtrlRegs.PIEACK.all = PIEACK_GROUP1;          //允许 PIE 的第 1 组中断申请
}
```

电动机启动程序如下。

```
void startmotor(void)
{
    EALLOW;
    EPwm1Regs.CMPA.half.CMPA = SP/2;                 //给 ePWM 模块 1 的 CMPA 赋值 SP/2
    EPwm2Regs.CMPA.half.CMPA = SP/2;                 //给 ePWM 模块 2 的 CMPA 赋值 SP/2
    EPwm3Regs.CMPA.half.CMPA = SP/2;                 //给 ePWM 模块 3 的 CMPA 赋值 SP/2
    EPwm1Regs.CMPB = SP/2;                           //给 ePWM 模块 1 的 CMPB 赋值 SP/2
    EPwm2Regs.CMPB = SP/2;                           //给 ePWM 模块 2 的 CMPB 赋值 SP/2
    EPwm3Regs.CMPB = SP/2;                           //给 ePWM 模块 3 的 CMPB 赋值 SP/2
    GpioCtrlRegs.GPAMUX2.bit.GPIO24 = 0;             //设定 CAP1～CAP3 为 GPIO
    GpioCtrlRegs.GPAMUX2.bit.GPIO25 = 0;
    GpioCtrlRegs.GPAMUX2.bit.GPIO26 = 0;
    GpioCtrlRegs.GPADIR.bit.GPIO24 = 0;              //设定 CAP1～CAP3 为输入
    GpioCtrlRegs.GPADIR.bit.GPIO25 = 0;
    GpioCtrlRegs.GPADIR.bit.GPIO26 = 0;
    capstastus = (GpioDataRegs.GPADAT.all&0x07000000)>> 24;
    switch(capstastus)                               //ir2136 的 HIN 和 LIN 是反向的
    {
        //case 1～case 6 分别同第 6 章例 6-2 中断服务程序 ISRCap()相应部分
    }
}
/ ********************************************************************************* /
{
    GpioCtrlRegs.GPAMUX2.bit.GPIO24 = 1;             //设定 CAP1～CAP3 为 CAP
    GpioCtrlRegs.GPAMUX2.bit.GPIO25 = 1;
    GpioCtrlRegs.GPAMUX2.bit.GPIO26 = 1;
    EDIS;
}
```

电动机停止程序如下。

```
void stopmotor(void)                                 //驱动芯片 IR2136 输出为低电平,功率管处于截止状态
{
    EALLOW;
    EPwm1Regs.CMPA.half.CMPA = SP;                   //给 ePWM 模块 1 的 CMPA 赋值 SP
    EPwm2Regs.CMPA.half.CMPA = SP;                   //给 ePWM 模块 2 的 CMPA 赋值 SP
    EPwm3Regs.CMPA.half.CMPA = SP;                   //给 ePWM 模块 3 的 CMPA 赋值 SP
```

```
    EPwm1Regs.CMPB = SP;                //给 ePWM 模块 1 的 CMPB 赋值 SP
    EPwm2Regs.CMPB = SP;                //给 ePWM 模块 2 的 CMPB 赋值 SP
    EPwm3Regs.CMPB = SP;                //给 ePWM 模块 3 的 CMPB 赋值 SP
    EDIS;
}
```

习题及思考题

（1）简述无刷直流电动机的工作原理。

（2）如何实现无刷直流电动机的位置检测？

（3）DSP 如何实现 PID 速度控制？

参 考 文 献

[1] TMS320F2833x DSP CPU and Instruction Set Reference Guide：Texas Instruments,2009,2.

[2] Using the TMS320C2000 DMC to Build Control System User Guide,Texas Instruments,2011,1.

[3] Sensorless Field Oriented Control of 3-Phase Permanent Magnet Synchronous Motors Using TMS320F833x,Texas. Instruments,2013.

[4] TMS320F2833x, 2823x Direct Memory Access(DMA) Reference Guide. Texas Instruments,2011.

[5] TMS320F2833x, 2833x DSP Peripherals Reference Guide. Texas Instruments,2011.

[6] TMS320F2833x, 2823x System Control and Interrupts Reference Guide. Texas Instruments,2010.

[7] TMS320F2833x, 2823x Enhanced Width Modulator(ePWM) Reference Guide. Texas Instruments, 2009.

[8] TMS320F2833x, 2823x Enhanced Capture(eCAP) Module Reference Guide. Texas Instruments, 2009.

[9] Hardware Design Guidelines for TMS320xF2833xx and TMS320xF2833xxx DSCs Application Note. Texas Instruments,2011.

[10] TMS320xF2833x/F28334/F28332/F28235/F28234/F28232 Digital Signal Controllers(Rev. M), Data Manual,Texas Instruments,2012.

[11] TMS320F2833x, 2823x Analog-to-Digital Converter(ADC) Module Reference Guide. Texas Instruments,2007.

[12] TMS320F2833x, 2823x Enhanced Controller Area Network(eCAN),Texas Instruments, 2009.

[13] TMS320F2833x, 2823x External Interface(XINTF). Texas Instruments,2009.

[14] TMS320F2833x, 2823x Enhanced Quadrature Encoder Pulse(eQEP). Texas Instruments,2009.

[15] TMS320x280x DSP Boot ROM Reference Guide. Texas Instruments,2004.

[16] TMS320x280x Enhanced Capture(ECAP) Module Reference Guide. Texas Instruments,2004.

[17] TMS320x280x Analog to Digital Converter(ADC) Module Reference Guide. Texas Instruments,2004.

[18] TMS320x280x Enhanced PWM Module. Texas Instruments,2004.

[19] 3-Phase Current Measurements Using a Single Line Resistor on the TMS320F240 DSP. Texas Instruments,1998.

[20] T. J. E. Miller. Brushless Permanent-magnet and Reluctance Motor Drive[M]. Oxford Science Publications.

[21] 符晓,朱洪顺. TMS320F2833x DSP 应用开发与实践[M].北京:北京航空航天大学出版社,2013.

[22] 张卿杰.手把手教你学 DSP——基于 TMS320F28335[M].北京:北京航空航天大学出版社,2015.

[23] 张雄伟. DSP 芯片的原理与开发应用[M].北京:电子工业出版社,2009.

[24] 刘陵顺,高艳丽. TMS320F28335 DSP 原理及开发编程[M].北京:北京航空航天大学出版社, 2011.

[25] 侯其立. DSP 原理及应用——跟我动手学 TMS320F2833x[M].北京:机械工业出版社,2015.

[26] 杨家强. TMS320F2833x DSP 原理与应用教程[M].北京:清华大学出版社,2014.

[27] Texas Instruments Incorporated. TMS320F2833x 系列 DSP 指令和编程指南[M].刘和平,等译. 北京:清华大学出版社,2005.

[28] 徐科军,陶维青. DSP 及其电气与自动化工程应用[M]. 北京:北京航空航天大学出版社,2010.

[29] 顾卫刚. 手把手教你学 DSP——基于 TMS320F281x[M]. 北京:北京航空航天大学出版社,2011.

[30] 孙丽明. TMS320F2812 原理及其 C 语言程序开发[M]. 北京:清华大学出版社,2008.

[31] 刘明,付金宝. TMS320C2000DSP 技术手册——硬件篇[M]. 北京:科学出版社,2012.

[32] 马骏杰. 嵌入式 DSP 的原理及应用:基于 TMS320F28335[M]. 北京:北京航空航天大学出版社,2010.

[33] 苏奎峰,吕强,邓志东,等. TMS320x28xxx 原理与开发[M]. 北京:电子工业出版社,2009.